Luiz Gustavo Batista Ferreira
André Luiz Batista Ferreira

Engenharia eléctrica para explorações agrícolas

Luiz Gustavo Batista Ferreira
André Luiz Batista Ferreira

Engenharia eléctrica para explorações agrícolas

ScienciaScripts

Cover image: www.ingimage.com

This book is a translation from the original published under ISBN 978-620-6-77454-9.

Publisher:
Sciencia Scripts
is a trademark of
Dodo Books Indian Ocean Ltd. and OmniScriptum S.R.L publishing group

120 High Road, East Finchley, London, N2 9ED, United Kingdom
Str. Armeneasca 28/1, office 1, Chisinau MD-2012, Republic of Moldova, Europe
Printed at: see last page
ISBN: 978-620-8-22783-8

Engenharia eléctrica para explorações agrícolas

Luiz Gustavo Batista Ferreira
André Luiz Batista Ferreira

Resumo

Um sinal sinusoidal modificado com tensão de 110VAC e frequência de 60Hz é gerado por um conversor push-pull e um inversor de ponte completa. A potência é de 600W. Uma bateria de 12VDC é utilizada como fonte de energia. Um sensor de corrente e de tensão é utilizado para melhorar o desempenho. Estão implementadas uma proteção contra altas temperaturas e uma proteção contra subtensão.

Palavras-chave: conversor, inversor, push-pull, full-bridge, controlo.

INTRODUÇÃO

O conversor CC-CC, ou chopper, como também é conhecido, é utilizado para obter uma tensão CC variável a partir de uma fonte de tensão constante, em que a tensão média na saída depende do tempo que a saída permanece ligada à entrada. Para efetuar esta conversão, são utilizados indutores, condensadores, transformadores (não em todos os casos) e dispositivos de estado sólido capazes de comutar a altas frequências, como os MOSFET (transístores de efeito de campo de semicondutores de óxido metálico), que podem ser facilmente cortados ou "desligados" controlando o sinal que chega ao seu portão ou porta.

Entre os conversores CC/CC, existem dois modelos fundamentais dos quais derivam outros: o step-down, ou buck, que produz uma tensão de saída menor ou igual à de entrada e o step-up ou boost, que fornece uma tensão de saída maior ou igual ao valor da tensão de entrada. Para comutar estes conversores, é utilizada a técnica PWM (pulse-with modulation) (AHMED, 2000).

Dentre todos os modelos de conversores CC/CC, o que mais se aplica ao uso neste projeto, como já citado anteriormente, é o push-pull, que terá seu funcionamento detalhado, apresentando suas principais formas de onda, além de todo o equacionamento envolvido com o conversor e seus principais componentes (filtro de saída e transformador) e finalizando o capítulo com os procedimentos de projeto para trazer o push-pull para a prática, dentro da realidade do projeto.

PARTE I. PUSH-PULL

O conversor push-pull será responsável por elevar a tensão da bateria (12 VDC), que será a tensão de entrada do conversor-inversor, para 180 VDC estabilizados, que por sua vez é aplicada ao inversor descrito no próximo capítulo. A Figura 1.1 mostra o conversor utilizado no projeto, com apenas um enrolamento secundário.

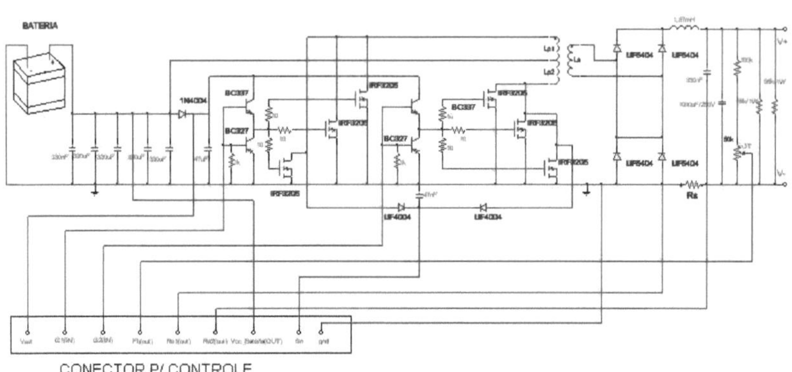

Figura 1.1: Conversor push-pull com um enrolamento secundário

O push-pull é capaz de superar uma das grandes dificuldades apresentadas no modelo forward (MELLO, 2005): a excursão da curva B-H (MELLO, 2005) apenas no primeiro quadrante, o que implica em uma desvantagem no dimensionamento do transformador. No modelo push-pull, devido aos dois enrolamentos primários, a curva B-H pode excursionar tanto no primeiro quanto no terceiro quadrante, aproveitando assim um tempo que era desperdiçado no conversor para frente. No push-pull, cada chave trabalha com um sentido dos dipolos, sem necessidade de desmagnetização. Porém, essas chaves não podem operar simultaneamente, o que impõe um ciclo de trabalho máximo de 0,5; com uma razão cíclica menor que esse valor, surge o chamado tempo morto, que é o momento em que as duas chaves estão abertas e a variação do fluxo magnético (MELLO, 2005; AHMED, 2000) é nula. Além disso, quando apenas um interrutor está em condução, aparecerá no outro interrutor uma tensão que é o dobro da tensão de entrada, devido à fase do enrolamento do primário e por terem o mesmo número de voltas.

A conversão push-pull baseia-se no funcionamento das suas duas chaves, M1 e M2, que, como já foi referido, não podem atuar ao mesmo tempo. Quando M1 satura, M2 deve ser cortada (com uma tensão superior a esta) e, através de M1, a tensão de entrada é colocada num dos enrolamentos primários e, pela relação de voltas (N), a tensão aparecerá no indutor L, sendo que este impulso já foi rectificado por um par de díodos de potência. Esta situação é mostrada na Figura 1.2.

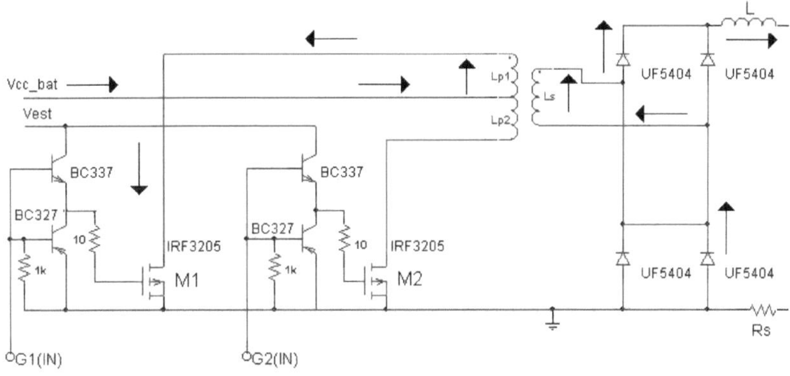

Figura 1.2: Situação em que M1 está a conduzir e M2 está a cortar

Para que M1 conduza e M2 seja cortado, o controlo em G1 (IN) é colocado a um nível lógico alto e em G2 (IN), baixo. Desta forma, G1 (IN) coloca o transistor NPN para conduzir e corta o PNP, ativando M1; em M2, ocorre o processo inverso: o transistor NPN é cortado e o PNP conduz, desativando M2. No momento em que M1 é cortado pelo controlo, se a razão cíclica for inferior a 0,5, tanto M1 como M2 serão cortados, o que se designa por tempo morto. Neste momento, a corrente fornecida será fornecida pelo indutor, o que obriga todos os díodos a conduzir (funcionando como díodos de roda livre), o que provocará um curto-circuito no secundário e uma tensão sobre cada interrutor. Neste momento, a variação de fluxo será nula, impondo que a orientação dos dipolos presentes no núcleo permaneça inalterada até que o próximo interrutor conduza. Esta situação é mostrada na Figura 1.3.

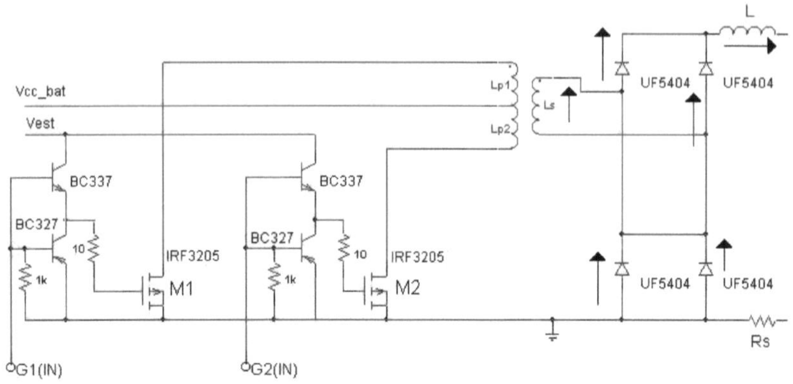

Figura 1.3: Situação de tempo morto (M1 e M2 cortados)

Nesta situação, tanto G1 (IN) como G2 são colocados a um nível lógico baixo. Após o tempo morto, M2 começa a conduzir, o que leva a uma situação oposta ao caso em que apenas M1 conduz (figura 2), e o outro conjunto de oito díodos é agora utilizado. Esta situação é mostrada na Figura 1.4.

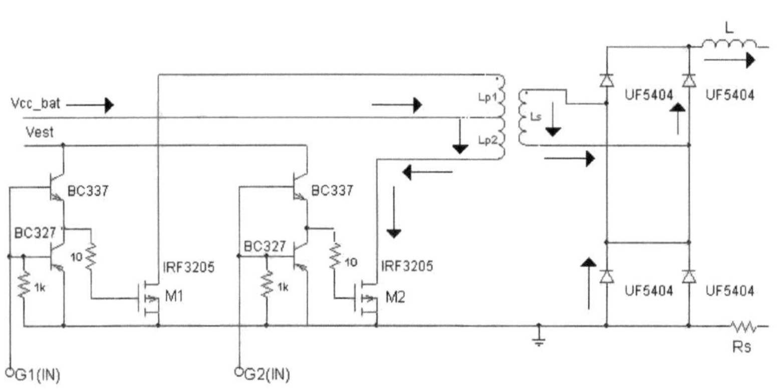

Figura 1.4: Situação em que M2 conduz e M1 é cortado

Desta forma, verifica-se que, de facto, a curva B-H passa tanto pelo primeiro como pelo terceiro quadrante, pois quando M1 conduz, a variação do fluxo magnético é positiva; em tempo morto, a variação de fluxo é nula; e quando M2 conduz, a variação de fluxo é negativa (ao contrário do caso em que apenas M1 conduz). A figura 1.5 mostra os principais sinais do conversor.

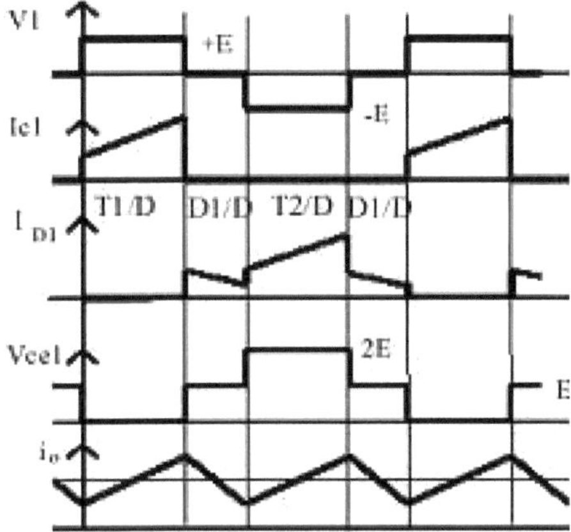

Figura 1.5: Formas de onda push-pull principais

Deve-se ressaltar também que, devido à limitação da razão cíclica, e ao fato de a freqüência dos pulsos no indutor ser o dobro da freqüência dos pulsos do transformador, o indutor push-pull terá um tamanho reduzido quando comparado ao forward. Para que o controle interfira corretamente no funcionamento do conversor, devem ser retiradas amostras de corrente e tensão, que na Figura 1 são representadas, respetivamente, pelos terminais (positivo e negativo) da liga de constantan () e pelo terminal. Com tais amostras, além de outros sinais de referência presentes na figura 1 que serão explicados no capítulo 3 (controle), são gerados os sinais G1 (IN) e G2 (IN), que, como visto, fornecem o corte ou saturação para as chaves M1 e M2.

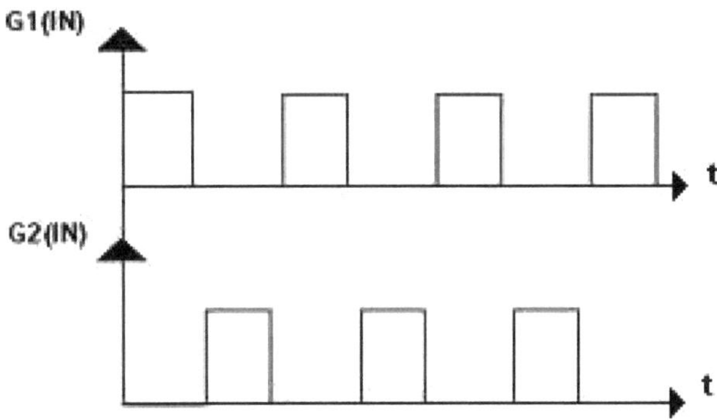

Figura 1.6: Sinais de controlo para o conversor

Para efeitos do projeto, três condensadores na entrada evitarão transientes rápidos na entrada, para que não interfiram com o funcionamento do conversor. Também foi adicionado um diodo entre os capacitores de 220uF e 47uF para garantir uma tensão estável de 15VDC, evitando que essa tensão alimente a bateria de entrada, que tem um valor menor, 12VDC. O equacionamento do conversor push-pull será realizado com base na versão simplificada do conversor presente na figura 1.7:

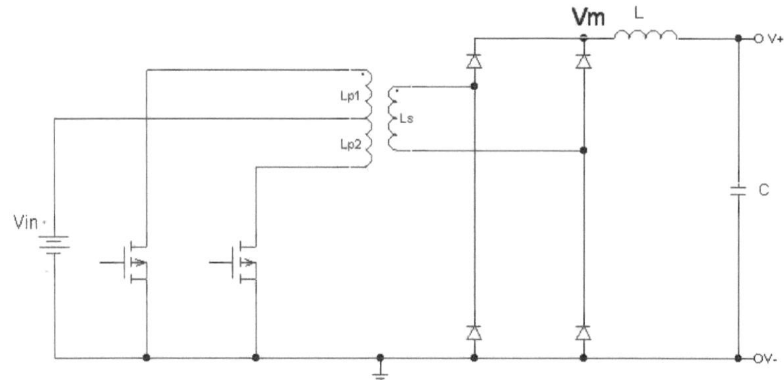

Figura 1.7: Versão simplificada do push-pull para a equação

A tensão de saída deste conversor pode ser medida calculando o valor médio da tensão no ponto que liga os díodos superiores ao indutor:

$$V_S = \frac{2.D_{MÁX}.(V_{E(MIN)} - V_{CE(SAT)})}{N} - 2.V_D.D_{MÁX} \quad (1.1)$$

Onde é a tensão nos díodos e N a relação de espiras, fornecida pela relação básica entre espiras de um transformador:

$$N = \frac{N_1}{N_2} (1.2)$$

Considerando que os rácios cíclicos máximo e mínimo são dados, respetivamente, por

$$D_{MÁX} = 0{,}45 \tag{1.3}$$

$$D_{MIN} = \frac{V_{IN(MIN)} . D_{MÁX}}{V_{IN(MÁX)}} \tag{1.4}$$

Considera-se que o valor de é inferior a 0,5 para garantir que as duas teclas não accionam ao mesmo tempo. A figura 1.8 mostra a forma de onda da tensão presente

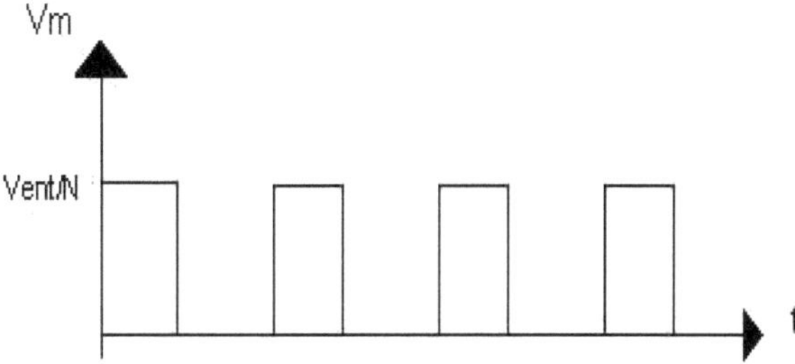

Figura 1.8: Forma de onda da tensão no ponto

A partir da equação 1.1, nota-se que a grande vantagem dos conversores Buck (AHMED, 2000) e forward também se mantém aqui: boa regulação contra variações de corrente, uma vez que a função de transferência do sistema é independente de sua corrente de saída, o que implica que o push-pull deve ser utilizado em seu modo de corrente contínua; para que isso aconteça, a corrente mínima de saída deve estar acima do limite de corrente entre o modo contínuo e descontínuo, que é, de forma usual, a décima parte da corrente máxima de saída, fornecida por:

$$I_S = \frac{P_S}{V_S} \tag{1.5}$$

em que e são, respetivamente, a potência e a tensão de saída.

Assim, a cadeia é também fornecida por:

$$I_{S(MIN)} = \frac{I_S}{10} \quad (1.6)$$

Para o cálculo do indutor (em modo contínuo), podemos utilizar a equação 1.7, ressaltando que a frequência está relacionada ao período do transistor:

$$L_1 = \frac{D_{MIN}.(1-2D_{MIN}).V_{E(MÁX)}}{2.N.(2.f_S).I_{S(MIN)}} \quad (1.7)$$

Ao escolher o núcleo a utilizar, temos de ter em conta a sua energia:

$$E = \frac{1}{2}.L_1.(I_S + I_{S(MIN)})^2 \quad (1.8)$$

Com o valor da energia do indutor, podemos escolher o melhor núcleo, de acordo com o Anexo B, com base no cálculo

$$A_P = \left(\frac{2.E.10^4}{K_J.K_U.B_{MÁX}}\right)^Z \quad (1.9)$$

onde (fator de densidade de corrente no fio) é fornecido pela tabela do anexo D, e, para uma elevação de 30º e para um núcleo do tipo EE vale 397, enquanto que (fator de utilização da área da janela pelo fio) pode ser utilizado, com uma boa aproximação, como 0,4 e Z vai, o que no caso do núcleo EE resulta em 1,136.

Então, é possível encontrar o número de voltas necessárias, usando a equação 1.10: $N = \sqrt{\frac{L_1}{A_L}}$ (1.10)

Em que o fator de indutância (A_L) é dado por:

$$A_L = \frac{A_E^2 . B_{MÁX}^2}{2.E} \tag{1.11}$$

o termo é fornecido pelo anexo B, após a escolha do núcleo.

A área de cobre do indutor pode ser medida por:

$$A_{CU} = \frac{I_{RMS}}{J} \tag{1.12}$$

Onde está o J:

$$J = K_J . A_P^{-X} \tag{1.13}$$

X é fornecido pelo Anexo D e o fio escolhido pelo Anexo C.

Para o projeto do condensador, devem ser tidos em conta alguns factores, tais como as variações de tensão no condensador nos casos em que a corrente de saída é máxima ou mínima e a sua resistência equivalente série (RSE), que devido a transientes de corrente, pode causar ondulações, dependendo do seu valor.

Considerando o caso da variação de tensão para a variação mínima de corrente para a corrente máxima de saída, temos:

$$C = \frac{(1 - 2.D_{MÁX}).L_1.\Delta I_S^2}{D_{MÁX}.\Delta V_S.V_S} \tag{1.14}$$

Para a variação da corrente máxima para a corrente mínima:

$$C = \frac{L_1.\Delta I_S^2}{\Delta V_S.V_S} \tag{1.15}$$

O valor de deve ser especificado para cada projeto. Para eliminar as ondulações causadas pelo RSE do capacitor, escolhe-se um valor geralmente dez vezes maior que o calculado.

Com este novo valor, as equações 1.14 e 1.15 devem ser utilizadas para garantir que ele estará dentro do especificado pelo projeto.

No push-pull, o transformador é magnetizado durante uma das comutações e, quando a outra comutação conduz, uma corrente de desmagnetização flui através dele até se tornar nula, de modo que o núcleo é então magnetizado. No entanto, é de notar que a corrente de magnetização do núcleo depende da largura de impulso dos transístores. Se um transístor tiver um maior que o outro, a sua corrente de magnetização será também maior que a do outro, o que poderá causar saturação no núcleo devido à falta de simetria existente na excursão do campo magnético no mesmo. Para contornar esta dificuldade, o circuito de controlo deve ser utilizado no modo corrente, de modo a que a corrente do coletor do interrutor seja amostrada para comparação com um valor de referência, permitindo assim um equilíbrio entre as correntes de magnetização. Para a escolha no núcleo do transformador, deve-se observar que, devido à excursão do campo magnético na curva B-H (figura 1.9), há uma melhora no aproveitamento do volume efetivo do núcleo.

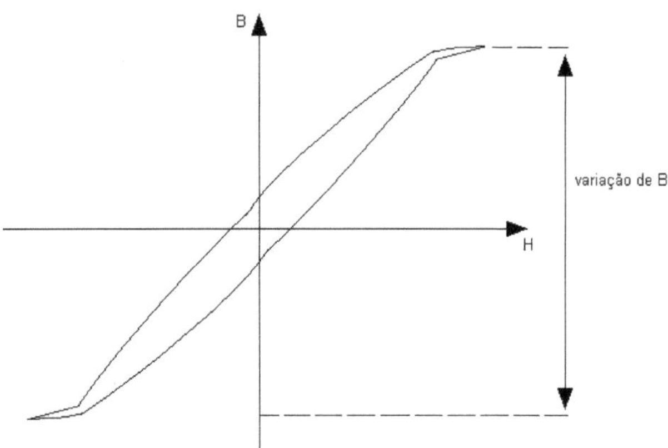

Figura 1.9: Curva B-H para o transformador no modo push-pull

Além disso, espera-se que o transformador push-pull seja menor em tamanho quando comparado ao de avanço, devido ao fato do campo magnético B ter o dobro da variação permitida em relação ao mesmo conversor citado anteriormente. Este valor de B é dado por

$$: B = \frac{V_{E(MIN)}}{V_{E(MÁX)}} . B_{MÁX} \quad (1.16)$$

enquanto a potência aparente no transformador é dada pela equação 1.17

$$: PA = P_{SAÍDA} . \left(K_S + K_P / \eta \right) \quad (1.17)$$

onde, representam factores dependentes da configuração dos enrolamentos, e dependem da forma como é feita a conversão de energia, sendo que, fornece o rendimento do transformador. E assim, escolhemos o melhor núcleo (através do anexo B) calculando, através da equação 1.18, onde o fator vale 0,2 para compensar o duplo enrolamento presente no push-pull

$$: A_P = \left(\frac{PA.10^4}{K.K_J.K_U.B.f_S} \right)^Z \quad (1.18)$$

Suas voltas, tanto do primário quanto do secundário, podem ser encontradas através das equações 1.19 e 1.2, onde através da 1.19 é encontrado o número de voltas do primário, e de posse deste valor, é encontrado o número de voltas do secundário ao aplicá-la em

$$1.2. N_1 \geq \frac{V_{E(MIN)} . D_{MÁX}}{A_E . B . f_S} \quad (1.19)$$

em que o valor de B e são fornecidos, respetivamente, pela equação 1.16 e pelo anexo B.A 1.20:

$$A_{CU(SEC)} = \frac{I_{RMS(SEC)}}{J} \tag{1.20}$$

em que J é encontrado pela equação 1.13 e é dado por:

$$I_{RMS(SEC)} = I_S \sqrt{2.D_{MÁX}} \tag{1.21}$$

Para calcular a área de cobre do primário, calcula-se a corrente do primário RMS, por bobina:

$$I_{RMS(PRI)} = \frac{I_{RMS(SEC)}}{2.N} \tag{1.22}$$

Finalmente, pode encontrar a área de cobre do primário utilizando a equação 1.23:

$$A_{CU(PRI)} = \frac{I_{RMS(PRI)}}{J} \tag{1.23}$$

Semicondutores (interruptores e díodos)

Ao escolher as chaves no modelo push-pull, deve-se considerar que cada chave transporta metade da corrente total do sistema, resultado do esquema de comutação em que as chaves nunca conduzem juntas. Isso implica o fator 2 no denominador da equação 1.24, que fornece a corrente que passa por cada chave:

$$I_{EFICAZ} = \frac{I_S \sqrt{2.D_{MÁX}}}{2.N} \tag{1.24}$$

Enquanto a corrente média em cada interrutor é fornecida por:

$$I_{MÉDIA} = \frac{I_S.D_{MÁX}}{N} \qquad (1.25)$$

O facto de um interrutor nunca conduzir com o outro também tem uma desvantagem: a tensão em cada interrutor, no momento em que o outro está a conduzir, é o dobro da tensão de entrada, ou seja:

$$V_{CHAVES} = 2.V_{E(MÁX)} \qquad (1.26)$$

Ao escolher os díodos, é necessário prestar atenção às correntes de pico, média e efectiva que fluem sobre os díodos e que são fornecidas pelas equações abaixo:

$$I_{PICO} = I_S + I_{S(MIN)} \qquad (1.27)$$

$$I_{MÉDIA} = I_S.D_{MÁX} \qquad (1.28)$$

$$I_{EFICAZ} = \frac{I_S\sqrt{2.D_{MÁX}}}{N} \qquad (1.29)$$

É de notar que, no projeto, foram utilizados dezasseis díodos, que conduzem todos juntos em tempo morto e em grupos de oito, dependendo do interrutor que está a conduzir; isto faz com que a corrente que flui através dos díodos seja dividida igualmente para cada um deles.

A tensão nos díodos é da ordem de:

$$V = \frac{V_{E(MÁX)}}{N} - V_{DIODO} \qquad (1.30)$$

Rácio de transformação

Esta relação pode ser encontrada isolando N na equação 1.1:

$$N = \frac{2.D_{MÁX}.(V_{E(MIN)} - V_{CE(SAT)})}{V_S + 2.(V_{DIODO}.D_{MÁX})} = \frac{2.0,45.(10-0)}{180 + 2.(1,5.0,45)} \cong 0,05$$

(1.31)

As equações 1.5 e 1.6 definem, respetivamente, as correntes de saída máxima e mínima do conversor push-pull:

$$I_S = \frac{P_S}{V_S} = \frac{600}{180} = 3,33A \qquad (1.32)$$

e, como já foi explicado, a corrente mínima de saída é considerada como um décimo da corrente máxima:

$$I_{S(MIN)} = \frac{I_S}{10} = \frac{3,33}{10} = 0,333A \qquad (1.33)$$

Com o valor máximo da razão cíclica fixado em 0,45 para evitar que os comutadores, devido a algum transiente ou ruído, conduzam em conjunto, podemos definir a razão cíclica mínima pela equação 1.4:

$$D_{MIN} = \frac{V_{E(MIN)}.D_{MÁX}}{V_{E(MÁX)}} = \frac{10.0,45}{15} = 0,3 \qquad (1.34)$$

A indutância é dada pela equação 1.7:

$$L_1 \geq \frac{D_{MIN}.(1-2.D_{MIN}).V_{E(MAX)}}{4.N.I_{S(MIN)}.f_S} = \frac{0,3.(1-2.0,3).15}{4.0,05.0,333.94.10^3} \cong 0,287.10^{-3}H$$

(1.35)

Assim, o indutor foi escolhido com o valor de.

A energia que flui através do indutor é fornecida por 1,8:

$$E = \frac{1}{2}.L_1.\left(I_S + I_{S(MIN)}\right)^2 = \frac{1}{2}.0,3.10^{-3}.(3,33 + 0,333)^2 \cong 2mJ$$

(1.36)

A escolha do núcleo EE para o indutor é dada pela equação 1.9:

$$A_P = \left(\frac{2.E.10^4}{K_J.K_U.B_{MÁX}}\right)^Z = \left(\frac{2.2.10^{-3}.10^4}{397.0,4.0,25}\right)^{1,136} = 1,0085cm^4$$

(1.37)

Com o auxílio das equações 1.11 e 1.10, é possível definir o número de voltas do indutor:

$$A_L = \frac{A_E^2.B_{MAX}^2}{2.E} = \frac{\left(1,2.10^{-4}\right)^2.(0,25)^2}{2.2.10^{-3}} = 225nH / esp^2$$

(1.38)

$$N = \sqrt{\frac{L_1}{A_L}} = \sqrt{\frac{0,3.10^{-3}}{225.10^{-9}}} = 36,51 \cong 37espiras$$

(1.39)

Finalmente, a área de cobre e o fio a utilizar no indutor podem ser definidos utilizando as equações 1.13 e 1.12:

$$J = K_J.A_P^{-X} = 397.1,43^{-0,12} = 380,32A / cm^2 \qquad (1.40)$$

$$A_{CU} = \frac{I_{RMS}}{J} = \frac{3,33}{380,32} \cong 8,7.10^{-3}cm^2 \qquad (1.41)$$

Por conseguinte, o fio a utilizar deve ser, de acordo com o anexo C, o fio # 24 AWG.

Condensador

Para o caso deste projeto, é admissível uma variação de tensão na saída de, no máximo, 2V. Para isso, deve ser utilizado um capacitor que, tanto para a corrente máxima quanto para a corrente mínima de saída, mantenha a variação de tensão dentro desse limite. O valor dessa capacitância na condição de corrente máxima é dado pela equação 1.14, repetida como equação 1.42:

$$C \geq \frac{(1-2.D_{MÁX}).L_1.\Delta I_S^2}{D_{MÁX}.\Delta V_S.V_S} = \frac{(1-2.0,45).0,3,10^{-3}.(3,33-0,333)^2}{0,45.2.180} = 1,66\mu F \quad (1.42)$$

O valor da capacitância para o caso de corrente mínima é fornecido pela equação 1.15:

$$C \geq \frac{L_1.\Delta I_S^2}{\Delta V_S.V_S} = \frac{0,3.10^{-3}.(3,33-0,333)^2}{2.180} = 7,48\mu F \quad (1.43)$$

Como o valor a ser escolhido deve ser o mais alto, então. No entanto, devemos, como já foi explicado, considerar o efeito da resistência equivalente em série do condensador, e, para isso, é preciso escolher um valor bem acima do que foi calculado. Um valor comercial que satisfaz estes requisitos é o condensador. Para garantir que este capacitor manterá a variação de tensão na saída dentro do especificado, calcula-se a partir do valor do capacitor, nas equações 1.14 e 1.15. Para a situação de máxima corrente de saída, a variação de tensão será:

$$\Delta V_S = \frac{(1-2.0,45).0,3.10^{-3}.(3,33-0,333)^2}{0,45.1000.10^{-6}.180} = 0,0033V \quad (1.44)$$

Considerando que, para a situação atual mínima,:

$$\Delta V_S = \frac{0{,}3.10^{-3}.(3{,}33 - 0{,}333)^2}{330.10^{-6}.180} = 0{,}045V \quad (1.45)$$

Desta forma, garante-se que a variação de tensão se mantém inferior a 2V.

Transformador

Para escolher o núcleo, é necessário primeiro calcular a potência aparente no transformador:

$$PA = P_{SAÍDA}.\left(K_S + {}^{K_P}\!/_{\eta}\right) = 600.\left(1 + {}^{\sqrt{2}}\!/_{0{,}8}\right) = 1660{,}660 \quad (1.46)$$

Desta forma, o núcleo pode ser escolhido a partir do valor de (equação 1.18); no entanto, o valor de B fornecido pela equação 1.16 deve ser encontrado primeiro..:

$$B = \frac{V_{E(MIN)}}{V_{E(MÁX)}}.B_{MÁX} = \frac{10}{15}.(0{,}25.2) \cong 0{,}33T \quad (1.47)$$

O fator 2, que multiplica o campo magnético máximo, deve-se ao facto de, como já foi explicado, em push-pull, haver o dobro da variação permitida com a relação de **conversão para a frente**.

$$A_P = \left(\frac{PA.10^4}{K.K_J.K_U.B.f}\right)^Z = \left(\frac{1660{,}660.10^4}{4.397.0{,}2.0{,}33.94.10^3}\right)^{1{,}136} = 1{,}809cm^4 \quad (1.48)$$

Com a ajuda das equações 1.19 e 1.2, é possível definir o número de voltas para o primário e o secundário do transformador:

$$N_1 \geq \frac{V_{E(MIN)}.D_{MÁX}}{A_E.B.f_S} = \frac{10.0,45}{1,82.10^{-4}.0,33.94.10^3} = 0,79$$

(1.49)

Portanto, o valor escolhido para o primário é de uma volta. Este valor, quando aplicado à equação 1.2, dá o número de voltas do secundário:

$$N = \frac{N_1}{N_2} \Rightarrow N_2 = \frac{N_1}{N} = \frac{1}{0,05} = 20 espiras \quad (1.50)$$

Usando as equações 1.13 e 1.21, encontramos

$$J = K_J.A_P^{-X} = 397.4,66^{-0,12} = 330,05 A/cm^2 \quad (1.51)$$

$$I_{RMS(SEC)} = I_S.\sqrt{2.D_{MÁX}} = 3,33.\sqrt{2.0,45} \cong 3,16A$$

(1.52)

e aplicando esses dados à equação 1.20, temos a área de cobre no secundário do transformador:

$$A_{CU(SEC)} = \frac{I_{RMS(SEC)}}{J} = \frac{3,16}{330,05} = 0,0095743 cm^2$$

(1.53)

Neste caso, pode ser utilizado o fio # 17 AWG.

Para o cálculo da área primária, o procedimento matemático é um pouco diferente, requerendo a corrente primária RMS (que nada mais é do que a corrente secundária RMS relacionada com a primária pelo fator de rotação N).

A corrente que passa pelo primário do transformador é dada por:

$$I_{RMS(PRI)} = \frac{I_{RMS(SEC)}}{2.N} = \frac{3{,}16}{2.0{,}05} = 31{,}6A \tag{1.54}$$

Assim, a área de cobre no primário é dada pela equação 1.23:

$$A_{CU(PRI)} = \frac{I_{RMS(PRI)}}{J} = \frac{31{,}6}{330{,}05} = 0{,}095743cm^2 \tag{1.55}$$

Para o fio primário, é escolhido o fio # 7 AWG ou fita de cobre com área equivalente.

Chaves Electrónicas

Como já foi explicado, a corrente em cada interrutor é metade da corrente total em circulação, mas a tensão em cada interrutor é o dobro da tensão máxima de entrada. Relativamente à corrente que circula em cada interrutor, o seu valor efetivo é fornecido pela equação 1.24:

$$I_{EFICAZ} = \frac{I_S.\sqrt{2.D_{MÁX}}}{2.N} = \frac{3{,}33.\sqrt{2.0{,}45}}{2.0{,}05} = 31{,}59A \tag{1.56}$$

Enquanto a corrente média é dada pela equação 1.25:

$$I_{MÉDIA} = \frac{I_S.D_{MÁX}}{N} = \frac{3{,}33.0{,}45}{0{,}05} = 29{,}97A \tag{1.57}$$

A tensão é fornecida por 1,26:

$$V_{CHAVES} = 2.V_{E(MÁX)} = 2.15 = 30V \tag{1.58}$$

A escolha dos MOSFET's para funcionar como chave no conversor deve considerar a corrente e a tensão sobre o mesmo; assim, foram escolhidos os MOSFET's IRF 3205, cujo datasheet está presente nas referências bibliográficas deste trabalho, por serem capazes de suportar tanto o valor de corrente quanto o valor de tensão exigidos pelo projeto.

Diod es

Para escolher o díodo mais adequado para o conversor, é necessário ter em conta as correntes e a tensão sobre os díodos. As correntes de pico, média e efectiva sobre os díodos podem ser calculadas, respetivamente, pelas equações 1.27, 1.28 e 1.29, aqui transcritas como 1.63, 1.65 e 1.66:

$$I_{PICO} = I_S + I_{S(MIN)} = 3,33 + 0,333 = 3,663A \tag{1.59}$$

$$I_{MÉDIO} = I_S + D_{MÁX} = 3,33.0,45 = 1,4985A \tag{1.60}$$

$$I_{EFICAZ} = \frac{I_S.\sqrt{2.D_{MÁX}}}{2} = \frac{3,33.\sqrt{2.0,45}}{2} = 1,58A \tag{1.61}$$

Para encontrar o melhor diodo a ser utilizado no projeto, devemos saber também qual a tensão que incidirá sobre ele. Essa tensão é encontrada aplicando a equação 1.30:

$$V = \frac{V_{E(MÁX)}}{N} - V_{DIODO} = \frac{15}{0,05} - 1,5 = 298,5V \tag{1.62}$$

O díodo UF5404 (DATASHEET UF5404, Semikron, 1995) foi utilizado no projeto, uma vez que pode suportar as especificações do projeto.

Últimas considerações sobre o projeto DC/DC

Com a base teórica apresentada neste capítulo, somada à equação e ao projeto do conversor push-pull, é possível implementar, na prática, um conversor CC/CC de 600W com entrada de 12VDC e saída de 180VDC, constante e estável. Um conversor como este pode ser utilizado em muitas aplicações industriais, onde existe uma fonte constante; aplicações típicas incluem o controlo de motores DC para tração eléctrica, comutação de alimentadores de energia, fontes de alimentação, fontes de alimentação de funcionamento contínuo e equipamento operado por bateria (AHMED, 2000).

PARTE II. INVERSOR

Basicamente, os inversores são circuitos estáticos, ou seja, não possuem partes móveis (AHMED, 2000), que são capazes de converter energia DC em energia AC, com a frequência, corrente ou tensão que satisfaçam os requisitos do projeto. Embora o seu sinal de saída não seja uma sinusoide (é uma onda pseudo-senoidal (TAHMED, 2000), pode ser considerada aproximadamente como tal na maioria das aplicações (AHMED, 2000)).

Atualmente, existem muitos tipos de inversores, classificados de acordo com: o número de fases, a utilização de semicondutores de potência, a comutação e as formas de onda de saída (AHMED, 2000).

O modelo de inversor empregado neste projeto é o inversor de tensão monofásico em ponte completa, que, a partir do valor de saída do conversor (180VDC), fornecerá à saída um valor de 110VAC com frequência de 60 Hz, que são os mesmos valores que podem ser obtidos da rede pública de energia, porém, diferentemente do sinal senoidal encontrado na rede, o sinal de saída do inversor é do tipo pseudo-sinusoidal, como já dito.

Neste capítulo será abordado o funcionamento do inversor utilizado no projeto com suas principais formas de onda e o equacionamento necessário para a escolha dos MOSFET's a serem utilizados como chaves.

Neste tipo de inversor, a tensão da fonte de entrada DC deve ser constante e deve atuar independentemente da corrente requerida pela carga, que neste projeto será considerada essencialmente resistiva, ou seja, a forma de onda da corrente seguirá a forma de onda da tensão (pseudo-sinusoidal).

Sua implementação está estruturada no modelo de VSI em meia ponte (AHMED, 2000), tendo o diferencial de possuir quatro chaves ao invés de duas, presentes no modelo em meia ponte (ambos os modelos possuem, em cada chave, um diodo de retorno). O inversor em ponte completo é mostrado na figura 2.1:

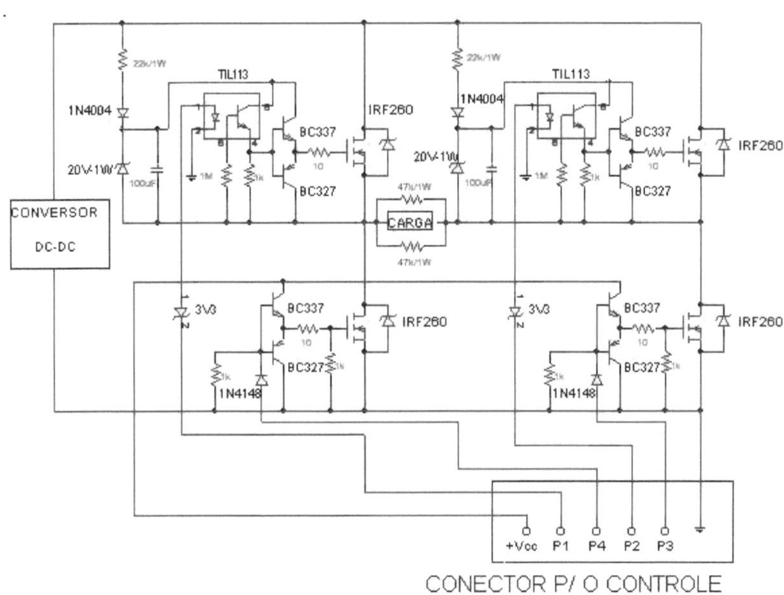

Figura 2.1: Ponte inversora completa

O funcionamento do inversor é baseado nos sinais que chegam aos seus interruptores através dos pinos de controlo P1, P2, P3 e P4. De facto, estes interruptores foram utilizados no projeto como MOSFET's de potência, que já possuem díodos de retorno no seu interior. As chaves são comutadas para o estado de condução e corte em pares na diagonal, ou seja, as chaves M3 e M6 conduzem juntas em meio ciclo e as chaves M4 e M5 conduzem juntas no outro meio ciclo, fazendo com que a fonte DC permaneça alternadamente ligada à carga em sentidos opostos. Porém, quando o estado de comutação muda, passando de um para o outro, todas as chaves devem ser cortadas por um curto período de tempo, evitando que ocorra um curto-circuito na fonte CC em um possível transiente, no qual as duas chaves podem estar fechando ao mesmo tempo. Assim, a passagem da condução para o corte deve ser feita rapidamente, enquanto que o corte para a condução deve ter um atraso adequado durante um tempo definido (AHMED, 2000). É precisamente este atraso que vai permitir controlar a tensão alternada (a frequência de saída é controlada pela taxa de velocidade, de acordo com a qual os interruptores são abertos e fechados), durante a qual a tensão de saída é nula. Numa primeira fase, as chaves M3 e M6 accionam, enquanto as chaves M4 e M5 permanecem cortadas. O único fluxo de corrente possível nesta situação pode ser visto na figura 2.2:

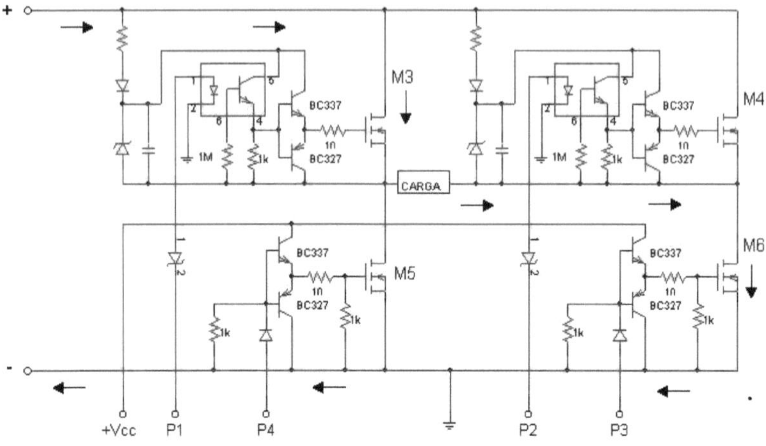

Figura 2.2: Situação em que M3 e M6 accionam e M5 e M4 são cortados

Para que M3 e M6 accionem, os sinais P1 e P3 devem estar num nível lógico alto, enquanto P2 e P4 devem estar num nível baixo. Como já foi dito, há um certo período em que a tensão na carga é zero, para evitar curtos. Neste período, apenas P3 permanece ativo, ou seja, M3, tal como M4 e M6, entram em situação de corte e apenas M6 conduz, como se pode ver na figura 2.3:

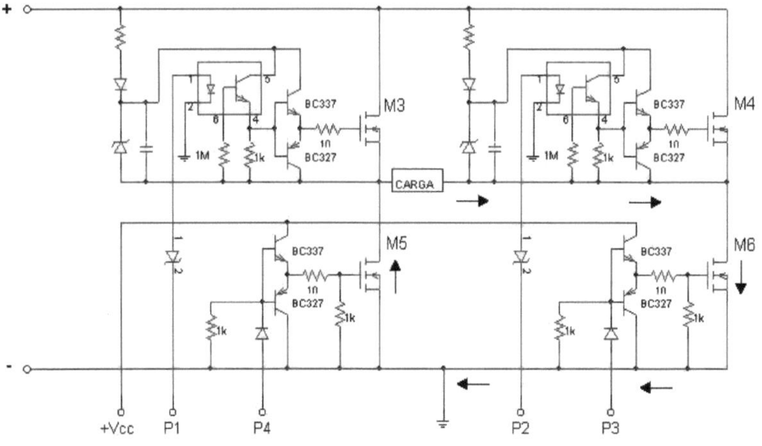

Figura 2.3: Situação em que apenas M6 conduz

Neste momento, o único caminho que a corrente tem é o díodo intrínseco ao MOSFET M5, que, neste caso, funciona como díodo de roda livre.

Após este período, M6 é cortado no instante em que M4 e M5 começam a conduzir, o que vai forçar uma corrente no sentido oposto em relação à situação em que M3 e M6 estavam a conduzir, o que implica uma tensão oposta. O novo fluxo de corrente nesta situação está representado na figura 2.4:

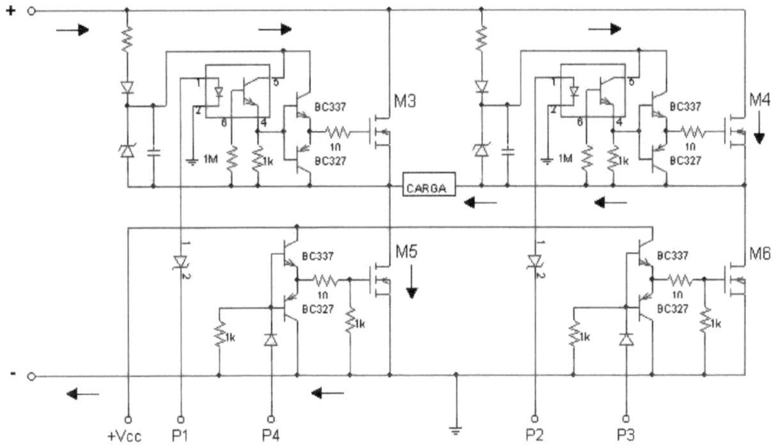

Figura 2.4: Situação em que M4 e M5 conduzem

Neste momento, os pinos P2 e P4 estão em nível lógico alto e, em contrapartida, P1 e P3 estão em nível baixo. Em seguida, a tensão sobre a carga volta a zero, quando P2 é desativado e, portanto, o único interrutor que permanece em condução é M5. A corrente passa agora pelo díodo intrínseco M6, que está em roda livre, como mostra a figura 2.5:

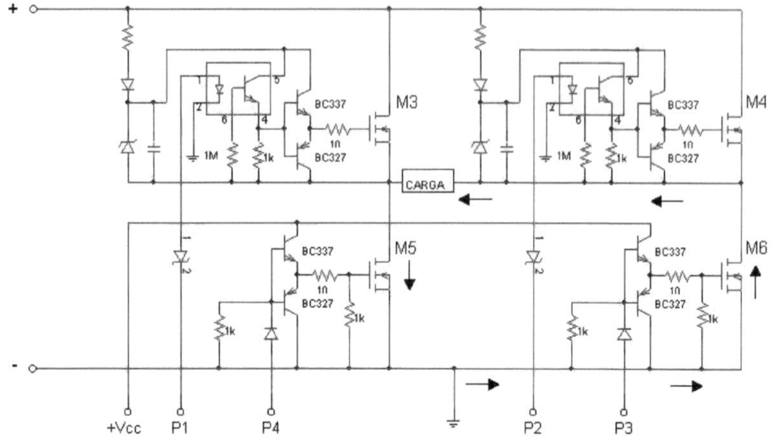

Figura 2.5: Situação em que apenas M5 conduz

É através deste ciclo, em que a tensão é positiva ou negativa, que se forma a onda de saída pseudo-sinusoidal. As formas de onda do controlo e a forma de onda de saída são apresentadas na figura 2.6:

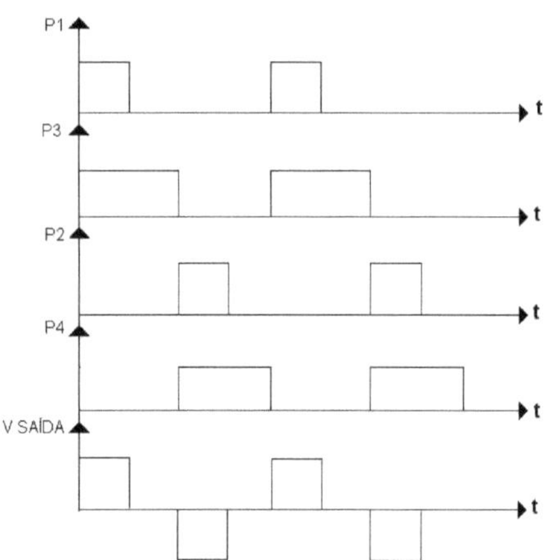

Figura 2.6: Sinais de controlo e de saída do inversor

Para que o disparo dos interruptores do inversor fosse implementado no projeto, foram utilizados opto-acopladores para M3 e M4, onde um díodo zener garante o funcionamento do opto-acoplador dentro das suas especificações. A necessidade da utilização de optoacopladores no acionamento dos interruptores M3 e M4 pode ser explicada pelo fato das fontes destes interruptores estarem ligadas a um barramento de valor variável (acompanhando as variações de tensão da carga). Assim, torna-se necessário desacoplar o sinal de controlo do sinal do barramento, para que este não interfira no controlo dos disparos dos interruptores. Assim, para os interruptores M5 e M6, não é necessário utilizar optoacopladores, uma vez que a fonte destes interruptores está ligada a um barramento que tem um valor fixo, nomeadamente, o barramento de terra.

Quando o sinal de comando (P1 ou P2) está em nível alto, através do optoacoplador em nível alto chega às bases dos transistores 337 (NPN) e 327 (PNP), fazendo com que o 337 conduza e o 327 fique em corte, acionando a chave. No entanto, se o sinal de controlo for baixo, o transístor NPN é cortado pelo optoacoplador, enquanto o transístor PNP conduz. Assim, a chave é desligada, pois, com 327 acionando, a porta da chave é zerada. Mais informações sobre o optoacoplador podem ser adquiridas através de seu datasheet, através de seu endereço eletrônico presente nas referências bibliográficas deste trabalho.

No caso dos interruptores M5 e M6, o disparo é mais simples: os sinais de comando de cada interrutor (P4 e P3, respetivamente) são aplicados, via díodo, às bases do conjunto de transístores NPN / PNP, à semelhança dos interruptores M3 e M4, ou seja, se o nível de comando for alto, o interrutor conduz devido ao NPN conduzir e o PNP ser cortado; se o nível de comando for baixo, o interrutor é cortado, pois o NPN corta e o PNP conduz, forçando a tensão na porta do interrutor a zero. Em todos os comutadores existe uma resistência 1k□ ligada às bases dos conjuntos NPN / PNP para a terra, de modo a garantir uma tensão nula nas bases dos transístores quando o sinal de controlo é baixo. No próximo capítulo, será analisada a forma como estes sinais de controlo são gerados. Para efeitos de projeto, foram também utilizados díodos zener para manter os condensadores carregados e manter uma tensão constante inferior a 180 VDC nos pinos 5 de cada optoacoplador. Para escolher os MOSFETs que funcionarão como interruptores no inversor, é necessário calcular a tensão e a corrente que passam por eles; a tensão em cada interrutor será:

$$V_{CHAVE} = 180VDC \tag{2.1}$$

que é a tensão de saída do conversor push-pull. Para o cálculo da corrente, será considerada uma carga puramente resistiva, cuja resistência será dada por (AHMED, 2000):):

$$R = \frac{V_{EFICAZ}^2}{P} = \frac{127^2}{600} \cong 26{,}88\Omega$$

(2.2)

Desta forma, a corrente efectiva é fornecida pela primeira lei de Ohm:

$$I_{RMS} = \frac{V_{RMS}}{R} = \frac{127}{26{,}88} \cong 4{,}72A$$

(2.3)

A corrente média nos interruptores é metade do valor médio da corrente que passa sobre a carga, devido à forma de onda sobre ela, em que durante meio período não conduz e, no outro período, conduz metade num sentido e metade no outro, cada sentido de corrente fluindo por uma diagonal de chaves diferentes. Assim, a corrente média que passa por cada par de MOSFETs será:

$$I_{MÉDIO} = \frac{I_{CARGA(MÉDIO)}}{2} = \frac{I_{EFICAZ}/2}{2} = 1{,}18A \quad (2.4)$$

Com estes dados em mente, observa-se que uma boa escolha para o MOSFET inversor é o IRF 260, que é capaz de suportar uma tensão entre dreno e fonte de 200V e uma corrente máxima de dreno de. Mais dados sobre as condições de utilização deste MOSFET podem ser encontrados na sua folha de dados, indicada na bibliografia.

Com a implementação do inversor no projeto, é possível transformar um valor DC de 180V num valor AC, de 110V, com uma frequência que pode ser ajustada em 60 Hz. Esta capacidade de transformar um sinal DC em AC, abre um enorme leque de possibilidades de utilização, que vão desde UPS a fontes de alimentação para aviões (AHMED, 2000), passando por motores, televisões e computadores, entre outros, para além de ter um controlo de fácil construção, como se verá no próximo capítulo.

PARTE III. CONTROLO PARA CONVERSOR E INVERSOR DC / DC

Até aqui, já se viu a importância do conversor CC/CC e do inversor e as suas formas de funcionamento. No entanto, sem um controlo adequado, tanto o conversor como o inversor não têm qualquer utilidade. É a partir deste controle que a geração dos sinais de comando das chaves do conversor virá das amostras de corrente e tensão retiradas do push-pull, e também gerará os sinais P1, P2, P3 e P4 para o inversor, com o diferencial de que, neste caso, não há realimentação do inversor para controle.

Em primeiro lugar, será abordado o controlo do conversor CC/CC e, em seguida, o método de controlo do inversor, as protecções do sistema contra a subtensão de entrada e as temperaturas elevadas e, por último, a topologia utilizada para estabilizar a tensão a 15 VCC.

Método de controlo do conversor CC / CC Método de controlo do conversor CC / CC

Para que o controle de um conversor seja implementado, muitos fatores devem ser considerados, tais como: limites de corrente e temperatura que o conversor pode suportar, qual o valor da tensão de entrada (no caso do projeto, valor da tensão da bateria) o conversor pode trabalhar sem ser danificado, entre outros.

O controle deve captar esses fatores e, através do gerador PWM, modificar o sinal que entra nos interruptores push-pull para que a situação limite se altere e volte ao normal, ou, se necessário, travar o pulso PWM em uma determinada largura de pulso ou até mesmo desativá-lo. Para uma melhor compreensão do controlo utilizado no conversor, este será representado por um diagrama de blocos, sendo cada bloco analisado separadamente. Este diagrama, de forma simplificada, é apresentado a seguir:

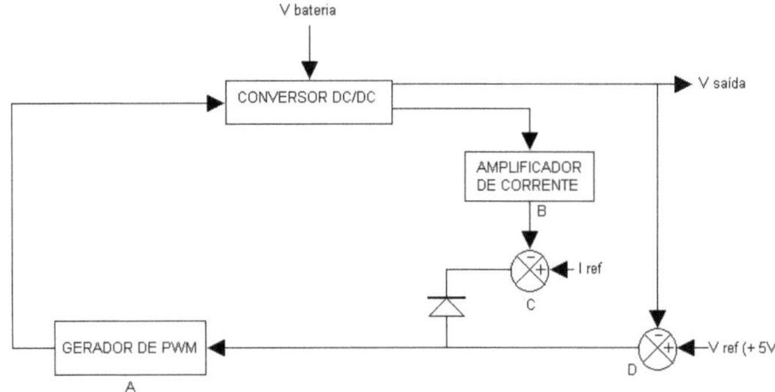

Figura 3.1: Diagrama de blocos que representa o controlo do conversor

Como se pode observar no diagrama acima, o bloco do conversor CC/CC é a fonte de todos os sinais que servirão de referência para o controlo (tensão e corrente à saída e temperatura), o que permitirá ao controlo tomar decisões relativas ao funcionamento do próprio conversor; o bloco A é responsável pela geração dos impulsos PWM, os blocos B e C têm o papel de limitar os impulsos PWM em situações limite enquanto o bloco D altera a largura do impulso PWM para manter a tensão de saída estável. A análise de cada bloco será discutida a seguir:

Bloco A - Gerador de impulsos PWM

Para a implementação dos pulsos PWM a serem realizados, foi utilizado o integrado SG 3525, como pode ser visto no circuito que representa o bloco A:

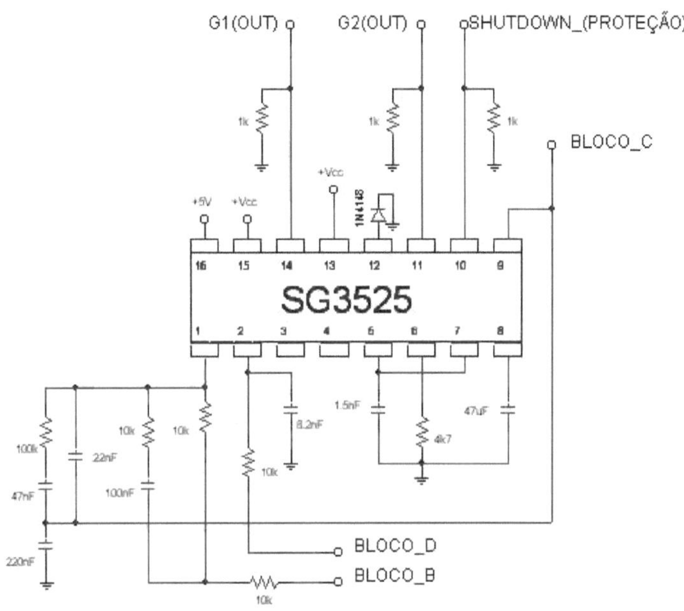

Figura 3.2: Esquema elétrico referente ao bloco A

É este bloco que vai centralizar as funções de controlo, ou seja, os outros blocos de controlo têm a função de alterar (ou mesmo anular) a geração de impulsos PWM a partir dos sinais do conversor.

Os pulsos PWM nada mais são do que uma largura de pulso variável num período T fixo; é justamente este PWM que definirá a quantidade de energia que será fornecida à carga. Nota-se, portanto, a extrema importância do componente SG 3525 (DATASHEET SG3525, Motorola, 1996) no controle do conversor, uma vez que todos os demais blocos do circuito de controle se comunicam com o bloco A através de conexões com o SG 3525 A Figura 3.3 mostra o esquema elétrico interno ao CI em questão:

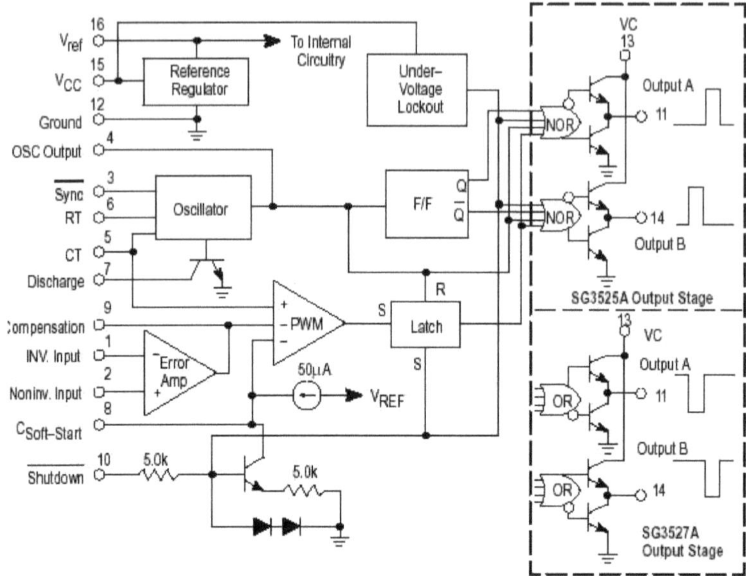

Figura 3.3: Circuito interno do CI SG3525

Com uma frequência ajustável entre 100 Hz e 400 kHz, dependendo dos valores de resistência e capacitância nos pinos 5 e 6, respetivamente. Este CI possui duas saídas iguais, porém, defasadas em 180o (pinos 11 e 14), o que se encaixa perfeitamente nas necessidades do conversor push-pull, onde, como já amplamente discutido, suas chaves não podem acionar ao mesmo tempo. O pino 7 do CI, como visto em seu diagrama elétrico, é responsável pela descarga do capacitor de ajuste de freqüência, de forma a manter os pulsos dos componentes constantes.

Para a regulação do arranque suave, indispensável ao funcionamento do conversor, um pino 8 do CI é ligado a um condensador ligado à terra; uma vez carregado, torna-se um circuito aberto.

A interação entre o bloco de geração PWM e os outros blocos de controlo ocorre através dos pinos 1, 2 e 9, que têm a função de controlar ou modificar a largura do impulso de saída do CI que controla as chaves do conversor. . Os pinos 1 e 2 referem-se, respetivamente, às entradas negativa e positiva de um amplificador operacional que, através da diferença entre suas entradas, irá gerar uma tensão de erro, ou seja, a diferença de tensão exercida pelo bloco de controle de tensão. (bloco D) irá reger os impulsos PWM.

O sinal no pino 9 tem a função de controlar a razão cíclica das chaves (via bloco A). Porém, é imprescindível uma atuação instantânea na limitação do sinal PWM, através da atuação do bloco C (comparador de corrente), ligado ao pino 9, sendo possível a atuação do limitador de corrente para travar o PWM, evitando assim alterações provocadas nos pinos 1 e 2 (amplificador de erro). Desta forma, quando o limitador atuar, ele se sobreporá ao bloco limitador de tensão, que não exercerá influência no controle e geração dos pulsos PWM. No diagrama de blocos de controlo, este facto é representado por um díodo entre os blocos C e D (comparador de tensão).

A proteção contra baixas tensões de entrada e altas temperaturas está ligada ao bloco A (PWM) através do pino 10 do CI 3525 (shutdown), antes que um nível lógico alto, accione o latch PWM interno ao componente e desligue as saídas do CI , interrompendo o funcionamento do conversor. Desta forma, se a proteção acionar o shutdown, o conversor é desligado; se for a proteção de subtensão a acionar o shutdown, então o conversor só pode voltar a funcionar se o interrutor geral for desligado e ligado novamente, como se verá mais detalhadamente na descrição da configuração de controlo empregue no projeto.

Finalmente, no pino de terra existe um díodo para evitar o retorno da corrente, enquanto o pino 16 do SG 3525 fornece a tensão de referência para os blocos limitadores de corrente (B e C) e tensão (D), de modo a que estes valores de tensão sejam estáveis, cooperando para uma operação de controlo eficaz.

Para encontrar os valores dos componentes que compõem a derivada proporcional presente neste bloco, seria necessário aprofundar a teoria de controle e desenvolver um buck equivalente do sistema, o que está fora do escopo deste trabalho. Desta forma, os valores tanto das resistências como dos condensadores utilizados foram encontrados em bancada, utilizando vários valores de componentes até encontrar aqueles que fornecem um resultado próximo do esperado, tanto para os pólos como para os zeros do sistema, para a implementação do controlo.

B lock B - amplificador de corrente

O circuito que amplifica o sinal de controlo é apresentado na figura 3.4:

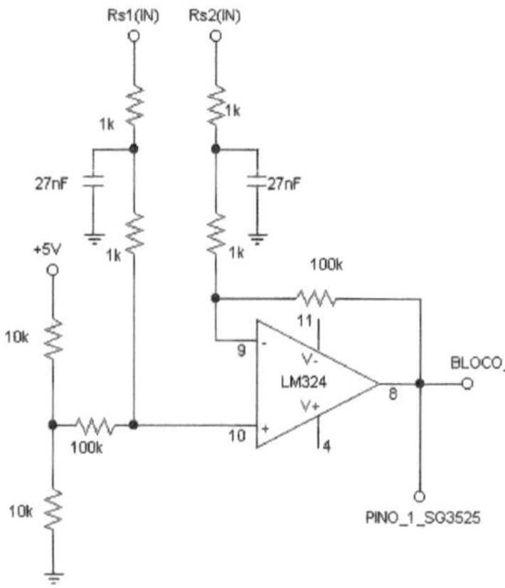

Figura 3.4: Esquema de ligação do bloco B

Este bloco tem o papel fundamental de recolher a tensão sobre a liga de constantan, um material com resistência muito baixa, onde esta tensão (também de valor muito baixo) é proporcional à corrente que atravessa a liga; desta forma, é possível amostrar a corrente de saída do conversor. Isto é muito importante para o controlo da corrente de saída (bloco D). Por exemplo, se a carga, devido a algum problema, se aproximar de um curto-circuito, a corrente requerida na saída tenderá ao infinito e para evitar esta situação, o bloco C, formado por um operador que subtrairá o valor do bloco B com um valor de referência para a corrente, limitará o PWM instantaneamente, através do pino 9 do 3525 no bloco A, como já explicado.

No entanto, o valor amostrado da liga de constantan é demasiado baixo para servir de comparação, o que leva à existência deste bloco de amplificação de corrente que, através de um amplificador operacional e de uma resistência 100k□ na sua realimentação negativa, consegue amplificar suficientemente o sinal amostrado (cem vezes) para servir de comparação. Este sinal que sai do amplificador operacional, por sua vez, aumenta se a tensão sobre a liga diminui e diminui se a tensão sobre a liga aumenta. Como a tensão é diretamente proporcional à corrente, se a corrente de saída aumentar, o sinal que sai do bloco B para subtração no bloco C diminui, devido à própria implementação do amplificador de corrente visto no esquema elétrico do bloco B. A necessidade desta lógica de controlo é evidente.

Bloco C - comparação de corrente

O circuito que irá efetuar a subtração da amostra de corrente da saída do conversor já amplificada, com uma corrente de referência, de forma a manter o circuito protegido contra subidas de corrente é apresentado na figura 3.5:

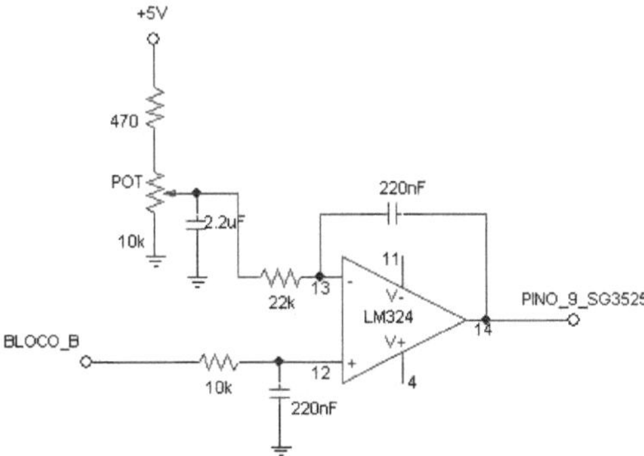

Figura 3.5: Esquema de ligação do bloco C

Neste bloco, um amplificador operacional irá subtrair o sinal de tensão proporcional à corrente de saída amplificada com o sinal de tensão proporcional à corrente de referência, ajustado através de um potenciómetro, onde a amostra é ligada à entrada positiva e a referência à entrada negativa do operacional. Esta lógica, somada à lógica implementada no bloco B, são necessárias devido ao fato de que o pino 9 do SG 3525 no bloco A limita o PWM quando recebe um nível lógico baixo. Desta forma, se a corrente de saída aumentar, o sinal que sai do bloco B diminui; se diminuir abaixo do valor de referência, o bloco operacional C irá saturar negativamente enviando um nível baixo para o pino 9 do SG 3525 limitando o PWM. Para que o operador do sistema possa visualizar a situação de limitação de corrente, foi efectuada uma lógica com um amplificador operacional para acender um LED vermelho, simbolizando uma situação perigosa, em que a carga do conversor tende para zero. Esta lógica é mostrada abaixo, ligada ao bloco C:

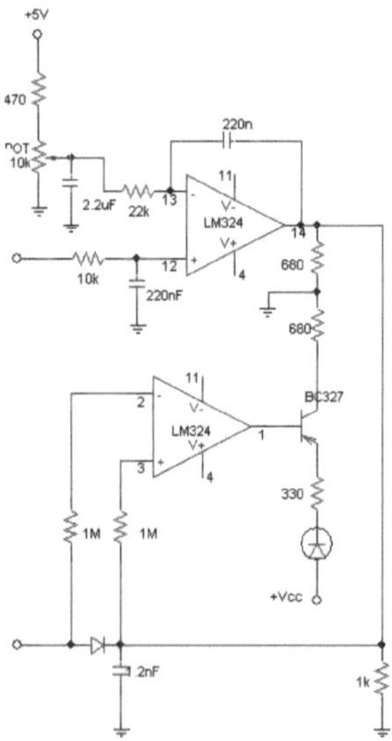

Figura 3.6: Circuito para acender um LED ligado ao bloco C

Bloco D - comparação da tensão

É este bloco que vai monitorizar o valor da tensão que sai do conversor e que trabalha para o manter com o mesmo valor. O seu circuito elétrico está representado na figura 3.7:

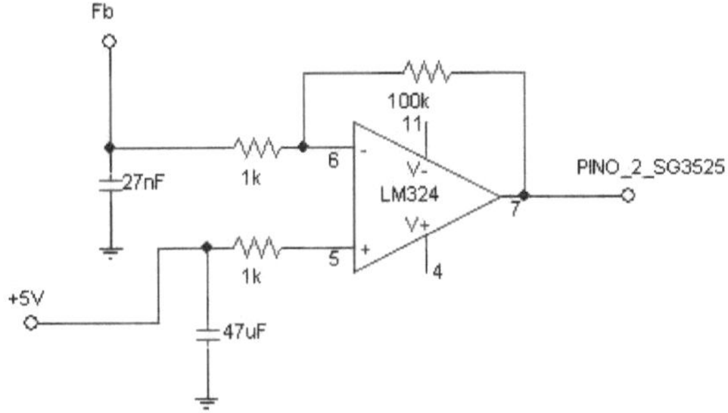

Figura 3.7: Circuito referente ao bloco D

A tensão de saída é amostrada a partir do pino, proveniente de um potenciómetro na saída do conversor, cuja função é ajustar o valor da tensão de saída do conversor para 180VDC. Esta tensão é subtraída, através de um amplificador operacional, de uma tensão de referência de + 5V, que provém do pino 16 do SG 3525 (bloco A). Caso a tensão diminua a ponto de ser menor que a tensão de referência, o operador sinalizará com um nível lógico baixo (já que está ligado à entrada negativa do operador), através do pino 2 do SG 3525, para o amplificador de erro interno ao CI, que , ao identificar que houve uma queda no valor da tensão (em relação a um valor de tensão referente ao bloco B, que, por sua vez, está ligado à entrada positiva do amplificador de erro), aumentará imediatamente a taxa de ciclo dos impulsos que regem o conversor, obrigando a um aumento da corrente à sua saída, o que implica um aumento da tensão, o que resulta também num aumento do valor de. Assim, a razão cíclica aumenta até o ponto em que retorna a um valor maior que a tensão de referência, o que faz com que a razão cíclica diminua e se normalize. A desvantagem encontrada neste método é o fato de que, se a carga diminuir, ou mesmo se tornar um curto-circuito, a corrente que a razão cíclica irá impor pode, dependendo do caso, tender a ser infinita. Para contornar esse problema, os blocos B e C, já discutidos, limitam a corrente de saída do conversor.

MÉTODO DE CONTROLO DO INVERSOR

Para que o inversor desempenhe a sua função de conversão de um sinal DC para um sinal AC, como descrito no capítulo 2, é necessário que os interruptores sejam controlados de forma eficiente e segura, de modo a evitar problemas de comutação que seriam fatais para o inversor. Para que os sinais de controlo do inversor sejam gerados, foi utilizada uma topologia que envolve um temporizador (neste caso, o 555), um flip-flop e lógicas para criar um atraso no sinal e realizar a função AND entre dois sinais. O circuito utilizado para controlar o inversor é apresentado na figura 3.8, onde a operação é efectuada em malha aberta, uma vez que o controlo não depende de qualquer valor recebido do inversor.

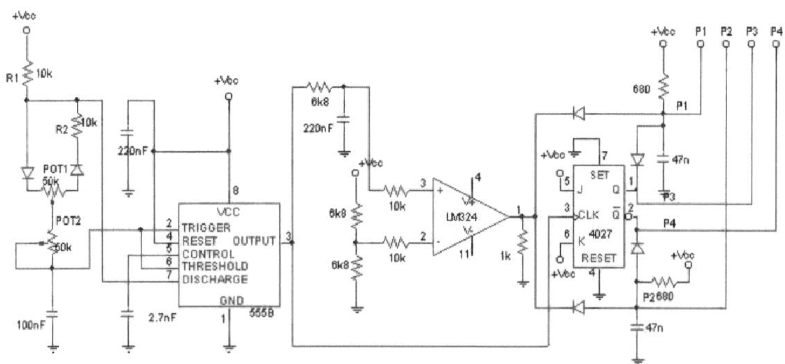

Figura 3.8: Topologia para controlo do inversor

Topologia para geração de onda quadrada

O diagrama interno deste IC é apresentado a seguir:

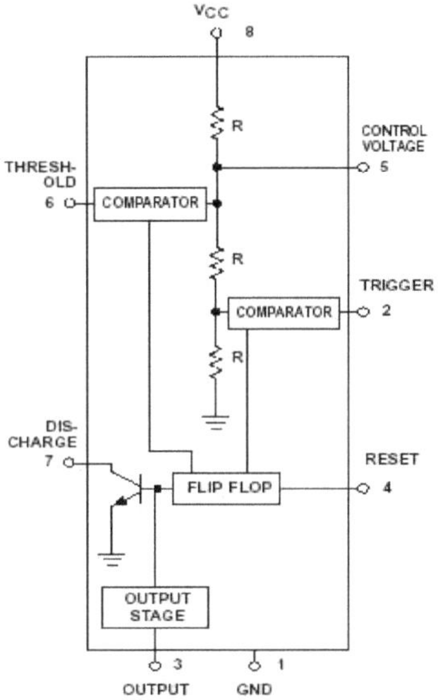

Figura 3.9: Esquema interno do CI 555

Figura 3.10: Circuito para geração de onda quadrada

Neste circuito, os dois díodos em união com o potenciómetro 1, têm a função de aplicar uma diferença de tensão entre as resistências R1 e R2 de modo a que, ajustando o potenciómetro 1, se possa ajustar a razão cíclica (D) da forma na saída do 555, enquanto que o potenciómetro 2 em série com um condensador é capaz de ajustar a frequência (f) do sinal de saída. A lógica dos pinos 6 e 2 permite estes ajustes de bancada.

Com o capacitor sendo carregado através de R1 e R2, ele ultrapassará o valor de , pois será alimentado com resistores ligados ao. Quando isso ocorrer, o pino 6 acionará o flip-flop RS interno ao CI, fazendo com que o transistor de descarga se conduza, o que levará a saída a um nível lógico baixo. Nesta situação, o capacitor terá um caminho de descarga formado por R2 e o transistor de descarga (pino 7), o que diminuirá sua tensão. Quando esta tensão desce abaixo de um valor (valor definido internamente no 555 como valor de disparo), então o pino 2 reiniciará o flip-flop RS, desligando o transístor de descarga e elevando a saída para um nível lógico alto. Esta operação, de carregar e descarregar o condensador, repetir-se-á indefinidamente.

Para o controlo do inversor, foi definida uma taxa de ciclo de 0,45 e uma frequência de 120 Hz para a saída do 555, uma vez que, como se verá, a frequência será dividida por dois.

Topologia para geração de impulsos do inversor

Como já foi referido, foi utilizado um flip-flop (JK), uma lógica AND e uma lógica de desfasamento de sinal para obter os sinais de P1 a P4. A saída do CI 555 é aplicada ao relógio do flip-flop JK, onde, por sua vez, tanto J como K estão a um nível alto. Isso forçará as saídas e inverterá o nível lógico (em relação ao estado anterior; note-se que e são invertidos um em relação ao outro) a cada borda ascendente do clock; dessa forma, as saídas do flip-flop terão metade da frequência presente no clock, ou seja, e terá uma frequência de 60 Hz. O gráfico de tempo da figura 3.11 mostra estes sinais, que representam dois dos sinais de controlo, P3 e P4:

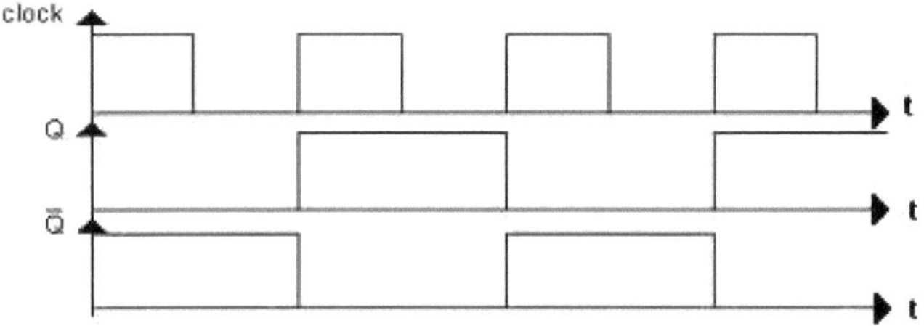

Figura 3.11: Gráfico de tempo do flip-flop JK

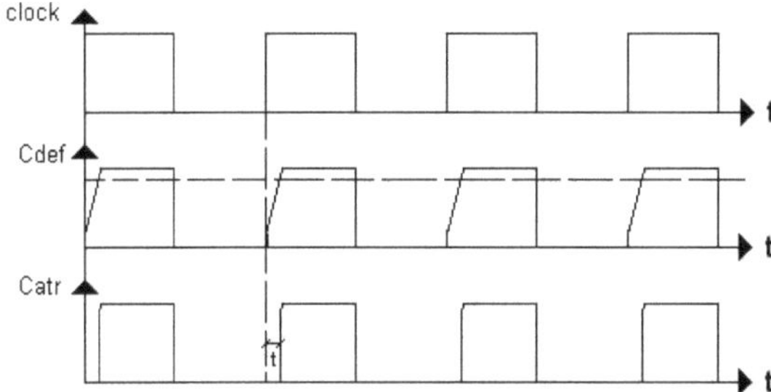

Figura 3.12: Gráfico de tempo do sinal de relógio desfasado e depois de ser aplicado ao comparador onde t é o atraso gerado

É este sinal de clock atrasado que realiza a operação AND com P3 e P4, gerando os sinais P1 e P2, respetivamente. Finalmente, o gráfico de tempo abaixo mostra todos os sinais de controlo gerados e o relógio utilizado no flip-flop JK.

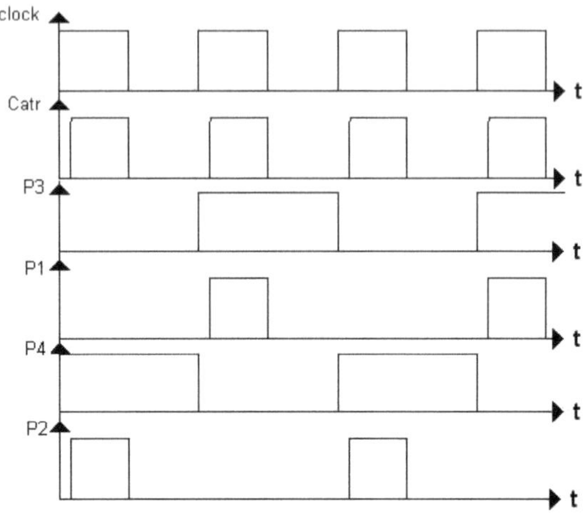

Figura 3.13: Gráfico de tempo com os sinais P1, P2, P3 e P4

Como pode ser visto no circuito de controle do inversor, para a lógica AND empregada, não foi utilizado um CI, mas sim uma lógica com diodos, onde seu funcionamento é idêntico ao de uma porta AND. Para o caso de P1, por exemplo, se o sinal de clock e/ou o sinal forem zero, pelo menos um dos diodos impedirá que ocorra um nível lógico alto em P1. No entanto, se ambos forem de nível alto, então em P1 também haverá um nível alto. O mesmo acontece com P2.

CIRCUITO DE PROTECÇÃO

Como em qualquer circuito elétrico, podem ocorrer avarias e danos no circuito elétrico se este for exposto a temperaturas elevadas ou se a tensão fornecida ao circuito for inferior ao valor mínimo de funcionamento. Para evitar estes problemas, foram adicionados dois circuitos ao controlo do conversor-inversor, um para proteção contra sobreaquecimento e outro para proteção contra subtensão. Estas protecções serão melhor explicadas nesta secção.

PROTECÇÃO CONTRA SUBTENSÃO

Como a alimentação do conversor provém de uma bateria de automóvel, esta, com o uso, apresentará uma queda na tensão de alimentação. Se esta tensão for inferior à tensão mínima exigida pelo conversor, então o seu funcionamento ficará fora do projetado. Nesta situação, ele deverá ser desligado para que a bateria seja substituída ou recarregada. Para a implementação desta proteção, foi definido que, se a tensão da bateria for inferior a, que tem um valor de 10V, então o conversor deve ser desligado completamente e não deve voltar a funcionar até ser desligado e ligado novamente. Para tal, foi utilizado um amplificador operacional que compara o sinal da bateria com um sinal de referência; se a tensão da bateria descer abaixo do valor de referência, o conversor desliga-se. No entanto, pode haver flutuação no valor da carga da bateria, evidenciando a necessidade de o conversor não voltar a ligar sem a intervenção do utilizador ao desligar, caso contrário, poderia ligar e desligar repetidamente, colocando o seu funcionamento e a sua carga em perigo. Desta forma, foi utilizado um flip-flop JK para armazenar a situação em que o comparador indica, pela primeira vez, a situação de subtensão. A lógica utilizada com o flip-flop é bastante simples: com K em nível alto, a saída dependerá apenas do nível lógico de J (onde está ligada a saída do comparador); se J também estiver em nível alto, a saída passará para nível alto e activará o SET do flip-flop, de modo que se J mudar de estado, este deixará de ter influência, pois o flip-flop estará setado. Para evitar problemas com transientes quando o conversor é ligado, foi implementada uma lógica em que o reset é forçado ao nível lógico "1" durante um curto período de tempo, até que o condensador esteja carregado, altura em que a tensão sobre o reset, devido ao díodo, será bloqueada a zero. O circuito de proteção contra subtensão é apresentado a seguir.

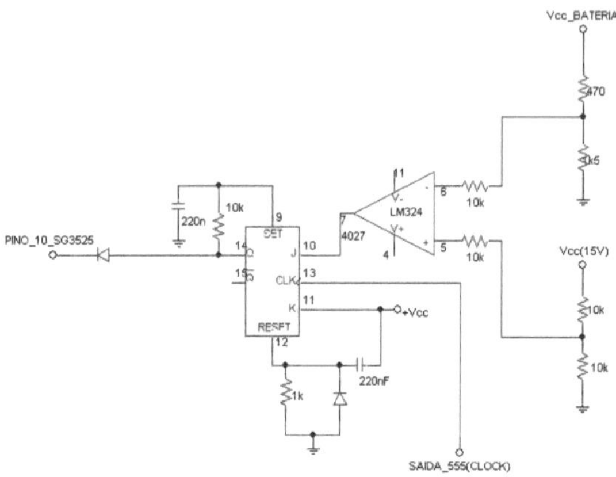

Figura 3.14: Esquema elétrico para proteção contra subtensão

O sinal de saída do flip-flop () é aplicado ao pino 10 (shutdown) do SG 3525, bloco A do controlo do conversor CC/CC. Desta forma, se a bateria tiver um valor de tensão inferior ao valor de referência, o comparador ficará saturado positivamente, jogando a entrada J do flip-flop a um nível alto, o que a forçará a um nível alto e accionará o flip-flop; este nível alto aplicado ao shutdown fará com que os impulsos PWM do conversor sejam interrompidos. O conversor só voltará ao funcionamento normal se o interrutor principal for desligado e ligado novamente.

PROTECÇÃO CONTRA SOBREAQUECIMENTO

Para além da monitorização da tensão de entrada do conversor, é de vital importância verificar sempre também a temperatura a que se encontra o circuito, pois se for demasiado elevada, pode queimar os componentes do conversor-inversor. Para evitar danos causados por excesso de temperatura, foi também adicionada ao controlo uma proteção contra altas temperaturas, utilizando um termistor de coeficiente negativo de 10kΩ (quanto maior a temperatura, menor o seu valor de resistência) e um comparador. O circuito utilizado é apresentado na figura 3.15:

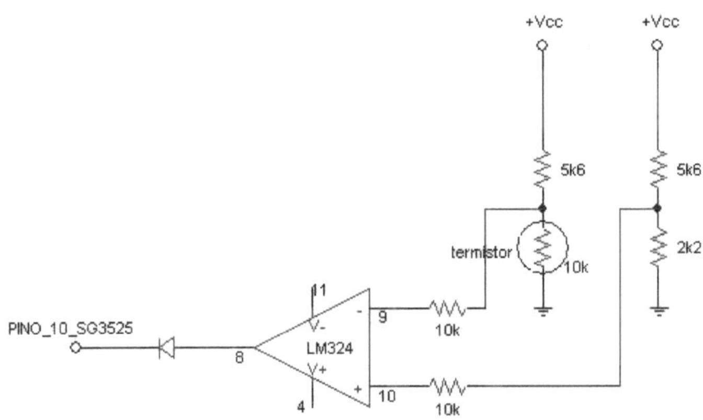

Figura 3.15: Circuito de proteção contra altas temperaturas

Para que o comparador pudesse ser implementado, foi escolhida uma temperatura de 60° C como valor máximo para o correto funcionamento do conversor e, portanto, o valor do termistor a 2,2 kΩ foi estimado a esta temperatura (de acordo com a sua curva caraterística, fornecida pelo fabricante).

Assim, um resistor de 2,2kΩ foi escolhido para ser, juntamente com um resistor de 5,6kΩ , o divisor resistivo da entrada não inversora, enquanto um divisor resistivo formado pelo termistor e outro resistor de 5, 6 kΩ é conectado à entrada inversora do comparador. Assim, para uma temperatura inferior a 60° C, a resistência do termistor será superior a 2,2kΩ e o comparador ficará saturado negativamente. No entanto, se a temperatura for superior a 60° C, a resistência do termistor será inferior a 2,2kΩ e o comparador será saturado positivamente, e este sinal, tal como a proteção contra subtensão, está ligado ao pino 10 do SG 3525 (shutdown).

Isto implica que, se a temperatura ultrapassar o valor limite, os impulsos PWM para o conversor serão interrompidos. Como a temperatura varia pouco ao longo do tempo, não há necessidade de memorizar o valor de saída do comparador (como é feito no caso da proteção contra subtensão).

INDICADOR DE DESEMPENHO DE PROTECÇÃO

Caso a proteção do conversor-inversor seja activada, quer por subtensão quer por sobreaquecimento, deve existir uma indicação para o utilizador de que os impulsos PWM do conversor foram interrompidos pela proteção. O circuito utilizado para sinalizar esta situação acenderá um LED amarelo e é mostrado abaixo.

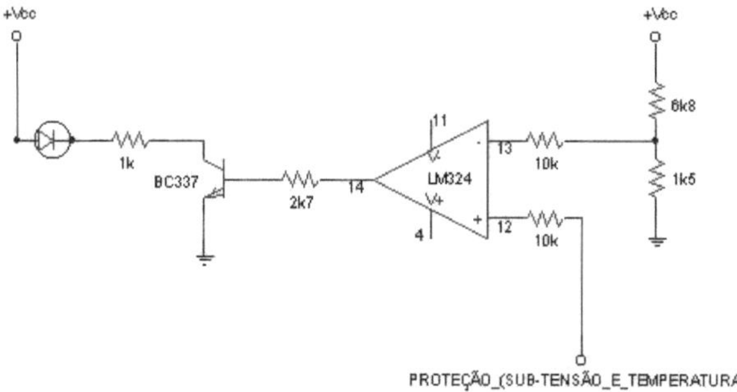

Figura 3.16: Esquema de sinalização eléctrica de que a proteção está ativa

ESTABILIZADOR DE TENSÃO E INTERRUPTOR ON-OFF

Para que o circuito de controlo funcione corretamente, é necessária uma tensão de alimentação estável para o circuito de 15 VDC; caso contrário, o controlo pode não funcionar corretamente, o que pode resultar em defeitos no variador e no inversor. Assim, foi utilizado o integrado SD 7815 que, a partir de uma tensão aplicada ao seu pino 3 (esta tensão deve ser maior que 15 VDC), gera automaticamente uma tensão estável de 15 VDC no seu pino 1, desde que o seu pino 2 esteja aterrado (DATASHEET 7815, Motorola, 1996). Para alimentar o pino 3 do 7815, foi retirado um sinal do dreno (sinal) do MOSFET.

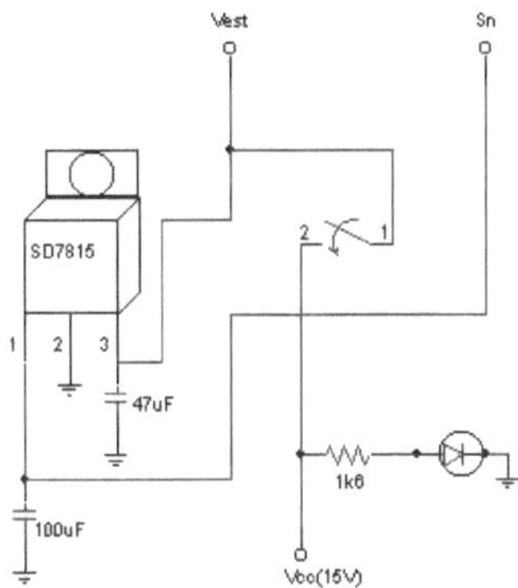

Figura 3.17: Circuito para estabilizar a tensão e ligar/desligar o circuito.

O circuito também pode ser visto que, se o interruptor principal estiver desligado, a tensão estabilizada não chegará ao controlo e, portanto, o controlo permanecerá desligado (portanto, o conversor/inversor também estará desligado). O circuito só funcionará na situação em que o interruptor principal estiver ligado.

CONSIDERAÇÕES FINAIS SOBRE O CONTROLO

O controle é de suma importância para qualquer projeto na área de eletrônica de potência. Sem ele, nenhum modelo de conversor ou inversor pode funcionar; a dependência desses circuitos em relação ao controle é total, tanto na geração dos sinais que controlam o funcionamento das chaves, quanto na manutenção do valor da tensão de saída, considerando também outros fatores, como limitadores de corrente e temperatura. Tendo em conta esta importância, em qualquer projeto deve ter-se o cuidado de controlar cuidadosamente, no sentido de abranger todos os factores envolvidos no conversor e/ou inversor projetado.

RESULTADOS EXPERIMENTAIS

INTRODU CTION

Após o projeto e implementação do conversor, do inversor e do controle de ambos, devem ser realizados testes práticos para verificar o funcionamento do circuito como um todo, em situações normais de operação e também em situações adversas, como carga baixa, tendendo a um curto-circuito; com carga em curto; em condições de alta temperatura; em condições de tensão de entrada abaixo do valor mínimo especificado para o correto funcionamento do conversor. Somente com a aprovação do projeto nessas condições (ainda mais adversas que a maioria das situações de aplicação) é que ele poderá ser utilizado, seja em uma fazenda, no laboratório ou mesmo em uma residência.

É apresentada a forma de onda obtida para controlar as teclas do conversor:

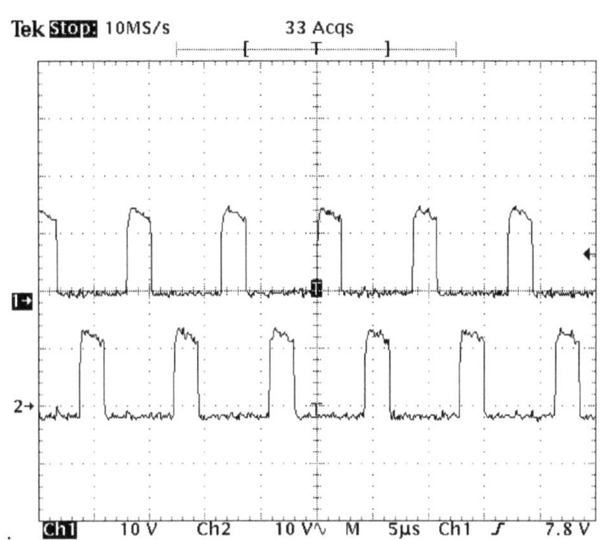

Figura 4.1: Forma de onda para controlar os interruptores push-pull

Teste do conversor com atuação do limitador de corrente

Para efetuar este teste, a carga à saída tem o seu valor gradualmente diminuído até se tornar um curto-circuito. Esta situação é criada de forma a analisar a capacidade do controlo de impedir que a corrente aumente indefinidamente e de forçar a diminuição da tensão de saída do conversor. Neste teste o limitador funcionou como esperado, pois, enquanto a carga se aproximava de um curto-circuito na saída, o limitador de corrente impediu o seu aumento (que seria necessário no caso, já que a tensão tende a subir) fazendo com que a tensão na saída diminuísse. Desta forma, o circuito fica protegido contra a possibilidade de um curto-circuito na saída.

Teste do conversor para proteção

Para subtensão:

Foi realizada uma simulação utilizando uma fonte de tensão em que a tensão da bateria (entrada do conversor) é inferior a 10 VDC. Ao atingir a tensão de, os pulsos PWM foram imediatamente bloqueados, cancelando o funcionamento do conversor-inversor e acionando o LED amarelo, indicando a atuação do sistema de proteção.

Em caso de sobreaquecimento:

Ao forçar o termistor a ter um valor de resistência inferior a 2,2kΩ, os impulsos PWM foram imediatamente bloqueados.

Resultados obtidos para o controlo do conversor

Como a carga no inversor é resistiva (os testes realizados foram apenas para este tipo de carga), o controlo irá gerar um trem de impulsos no sinal que controla as chaves do conversor, como mostra a figura 4.2. Isso se deve ao funcionamento do conversor: como pode ser visto nas figuras 4.6 e 4.7, há um momento na comutação do conversor em que nenhuma chave conduz. Neste momento, o controlo detecta que o inversor não está a funcionar e corta os impulsos para o conversor, demonstrando o seu funcionamento correto. Desta forma, é criado um trem de impulsos, ou seja, a energia é transferida em blocos.

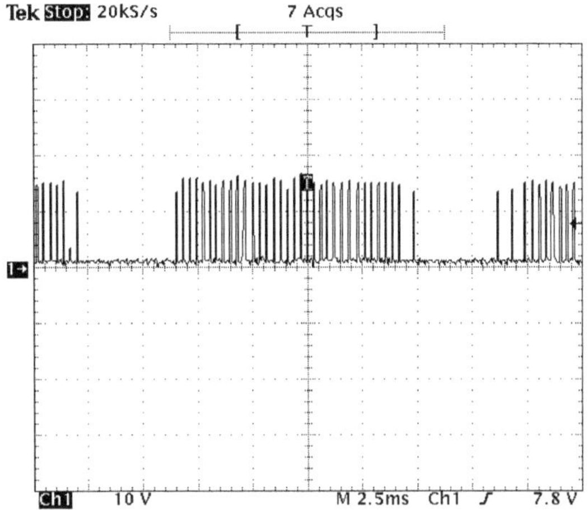

Figura 4.2: trem de impulsos do sinal de controlo do inversor

Resultados obtidos para o inversor

O sinal de saída obtido com o inversor é apresentado na figura 4.3:

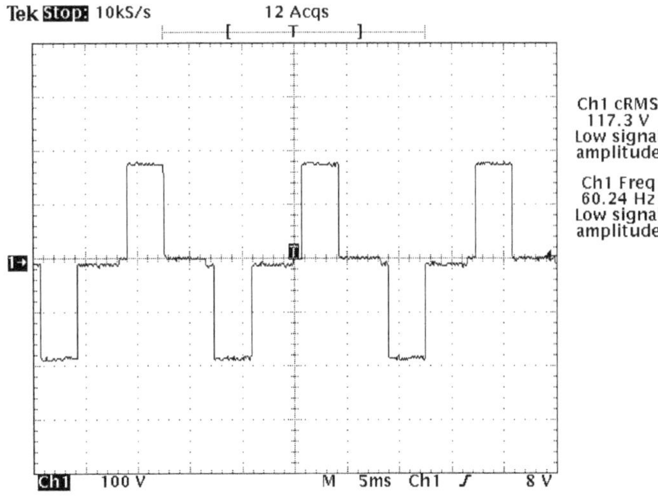

Figura 4.3: Saída do inversor

A tensão de pico à saída do inversor para uma carga resistiva foi de 180V (117,3V RMS, como mostra a figura), enquanto a sua frequência, como mostra a figura 4.3, foi medida em 60,24 Hz. Os sinais de controlo obtidos para o inversor são apresentados nas figuras seguintes, começando pelo relógio (saída 555) que rege esses sinais:

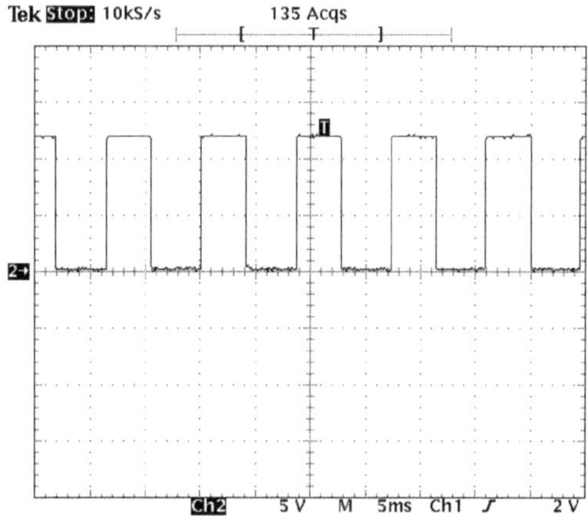

Figura 4.4: Saída 555 (relógio de controlo dos sinais de controlo do inversor)

A figura seguinte mostra os sinais de P1 e P3:

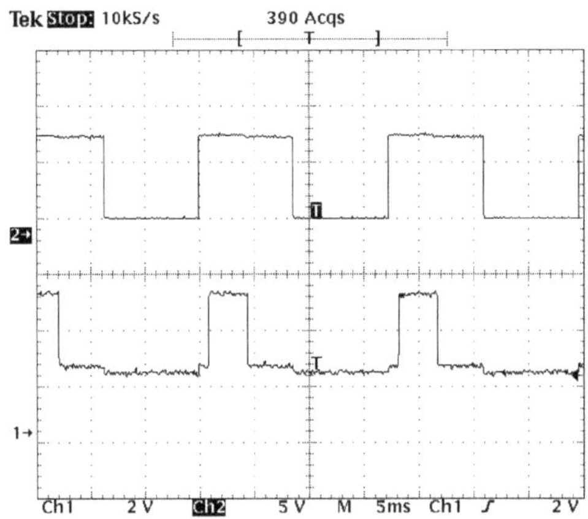

Figura 4.5: Sinais de controlo P1 (em baixo) e P3 (em cima)

A figura seguinte mostra os sinais de controlo P2 e P4:

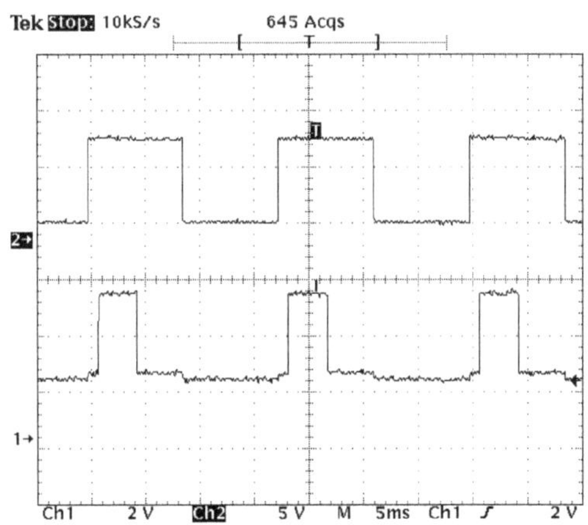

Figura 4.6: Sinais P4 (em cima) e P2 (em baixo)

As Figuras 4.5 e 4.6 indicam o atraso utilizado entre os sinais P1 e P3 e os sinais P2 e P4, de modo a evitar que as teclas accionem ao mesmo tempo. Este atraso foi de cerca de 1ms, o que é mais do que suficiente para evitar o acionamento simultâneo.

Verifica-se também que as figuras 4.5 e 4.6 são iguais, o que é decisivo para o correto funcionamento do inversor, pois garante que existe sincronização no disparo dos interruptores.

Nos testes de carga resistiva, o inversor obteve valores de tensão e corrente coerentes com o seu projeto; sua tensão foi calibrada em 117,3V eficazes, e sua freqüência ajustada através do potenciômetro o mais próximo possível de 60Hz, como pode ser visto na figura 4.3 do capítulo anterior.

No que diz respeito ao controlo do conversor CC/CC, tanto o sensor de tensão como o limitador de corrente funcionaram com grande precisão, desempenhando as funções para as quais foram concebidos. Quanto à proteção implementada, o resultado foi também o esperado: Nas condições limite, tanto de alta temperatura como de subtensão, a proteção cancelou imediatamente a geração de impulsos PWM.

Para o controlo do inversor, foi utilizado um sistema de malha aberta e componentes discretos; no entanto, poder-se-ia implementar um controlo para o inversor microcontrolado e em malha fechada, melhorando assim a questão do espaço ocupado pelo inversor e tornando desnecessário qualquer ajuste de frequência e cíclico, como os que foram solicitados.

REFERÊNCIAS

AHMED, A, Eletrônica de Potência; tradução Bazán Tecnologia e Lingüística; revisão técnica João Antonio Martino. São Paulo: Prentice Hall, 2000.

SEDRA, A., S., SMITH, K.C., Microeletrônica. 4 ed. São Paulo: Pearson Education do Brasil, 2000

SOUZA, I. C. e. Inversor de 150W, com onda senoidal modificada, acionado por uma bateria de 12VDC para aplicações rurais.2005. 62p. Monografia (graduação em Engenharia Elétrica) - Universidade Estadual de Londrina, Londrina.

ENERGIA ELÉCTRICA NOS CAMPOS BRASILEIROS

RESUMO

Entender os princípios da eletrificação rural pode ser um fator decisivo para um produtor de suínos ou frangos. Embora a genética seja um fator importante na criação desses animais, recursos como o sistema elétrico são indispensáveis para garantir a produtividade zootécnica. Este livro abordará os fundamentos da eletrificação no campo, mostrando conceitos básicos a serem aplicados no campo, para trazer benefícios ao produtor.

Palavras chave: Campo. Eletricidade. Conceitos básicos

Os primórdios do serviço de energia eléctrica no país caracterizam-se por uma fase pioneira, responsável pela sua quase simultaneidade com a instalação dos mesmos serviços nos países mais avançados. O uso de máquinas elétricas, baseado na teoria da indução eletromagnética descoberta por Faraday em 1831, começa a aparecer no final do século: Thomas Alva Edison constrói a primeira central eléctrica, em 1879, para o serviço público de distribuição de eletricidade à cidade de Nova Iorque, e a primeira linha de transmissão de longa distância será construída em 1891, na Alemanha.

Graças ao Imperador D. Pedro II, o Brasil também é um dos pioneiros mundiais: no mesmo ano de 1879, ele inaugura a iluminação elétrica da antiga Estação da Corte, da Estrada de Ferro Central do Brasil. Outras16 lâmpadas são instaladas no Campo da Aclamação em junho de 1881, fornecendo a energia elétrica de uma locomotiva com dois dínamos. O município de Campos (RJ) torna-se a primeira cidade do Brasil e da América do Sul a receber iluminação pública, elétrica, em 1883. Também é o Imperador que inaugura, ali, a máquina térmica que aciona 3 dínamos, com potência de 52 kW, fornecendo energia para 39 lâmpadas de 2000 "velas" cada. O seu serviço era de tão boa qualidade que até ao seu encerramento, dezoito anos depois, apenas uma vez, nas noites de 10 e 11 de junho de 1901, deixou de funcionar.

A partir de 1892, a energia elétrica passou a ser mais explorada industrialmente, com a implantação de pequenas indústrias nas proximidades de locais onde havia cachoeiras e centros produtores de matéria-prima. O Brasil, até então um país quase exclusivamente agrícola, vê surgir a indústria de transformação. Muitos capitais ociosos se interessam pelas indústrias nascentes, dentro do processo iniciado no final do Império. De 1883 a 1900, a potência instalada aumenta consideravelmente. Alguns números podem dar uma idéia desse crescimento: 1883 - 52 kW; 1889 - 4.618 kW; 1890 - 5.020 kW; e 1900 - 12.085 kW.

Para produzir estes 12. 085 kW existe o mesmo número de centrais térmicas e hidroeléctricas, mas a capacidade instalada nas primeiras é maior: 6.585 kW contra 5.500 kW nas segundas.

No Brasil, aos poucos, as potências instaladas vão aumentando e, com o objetivo de obter maior rentabilidade do investimento da usina, o autoprodutor industrial também constrói redes de distribuição e passa a fornecer energia elétrica para as populações das áreas onde desenvolveu suas atividades.

A primeira usina hidrelétrica instalada no Brasil para serviço de utilidade pública é a Marmelos-Zero, no rio Paraibuna, ao lado da recém-construída estrada União-Indústria, exatamente no dia 5 de setembro de 1889 - último aniversário da Independência comemorado no Império. Bernardo Mascarenhas, notável por seu pioneirismo na criação de indústrias, é quem o constrói para fornecer energia elétrica à cidade mineira de Juiz de Fora.

São instalados dois geradores monofásicos de 125 kW cada, com tensão de 1000 volts e freqüência de 60 Hz. O impulso da grande iniciativa de Bernardo Mascarenhas resulta no período decisivo de desenvolvimento de Juiz de Fora, que passará a ser chamada de "Manchester Brasileira", pelas fábricas de tecidos que ali se instalam. Sete anos depois, ela será substituída por outra usina hidrelétrica, a Marmelos-1, no mesmo local.

Nos anos 80 e 90, foram instalados serviços públicos de eletricidade em várias cidades, abrangendo, em muitos casos, o fornecimento de luz, substituindo a iluminação a gás, a força e a tração eléctrica. São geralmente empresas privadas, nacionais ou estrangeiras, com materiais e equipamentos todos importados. Em Porto Alegre, a iluminação pública com eletricidade foi instalada em 1887, utilizando uma usina térmica equipada com um dínamo de corrente contínua de 160 kW.

A partir de 1900, o afluxo de recursos ao sector da eletricidade é mais rápido. Predominando os equipamentos hidroeléctricos, multiplicam-se as empresas de produção, transporte e distribuição de eletricidade nas pequenas cidades. Começa a surgir uma certa concentração e delimitação de zonas de influência. Em geral, a autoridade que permite o estabelecimento de serviços de eletricidade é municipal e, embora muito incipiente, os conceitos da sua regulação começam já a ser definidos.

Um sistema elétrico, na sua conceção mais geral, é constituído pelos equipamentos e materiais necessários para transportar a energia eléctrica desde a fonte até aos pontos onde é utilizada.

Desenvolve-se em quatro fases básicas: produção, transporte, distribuição e utilização (consumo).

A produção é a fase desenvolvida nas centrais de produção que produzem eletricidade por transformação, a partir de fontes primárias.

Podemos classificar as centrais eléctricas em:

- As centrais hidroeléctricas, que utilizam a energia mecânica (potencial hidráulico) das quedas de água; A ITAIPU BINANCIONAL, situada em Foz do Iguaçu (Brasil) e no Paraguai, é a segunda maior central hidroelétrica do mundo e foi a primeira durante muito tempo.

- Usinas termoelétricas, que utilizam a energia térmica da queima de combustíveis (carvão, óleo diesel, gasolina, etc.). No Brasil, geralmente estão localizadas nas regiões Norte e Nordeste.

- Nucleares, que utilizam a energia térmica produzida pela cisão nuclear de materiais (urânio, tório, etc.).

A fase seguinte é a transmissão, que consiste no transporte de energia eléctrica a alta tensão, das centrais eléctricas para as zonas rurais. À transmissão segue-se frequentemente uma fase intermédia (entre esta e a distribuição) designada por subtransmissão, com tensões ligeiramente inferiores. Nas linhas de transporte aéreo são geralmente utilizados cabos de alumínio nu com alma de aço, que são suspensos em torres metálicas através de isoladores. Nas linhas de transmissão subterrâneas são utilizados cabos isolados, como os cabos de óleo fluido, e cabos isolados com borracha de etileno-propileno (EPR).

As zonas rurais são abastecidas pelas empresas de eletricidade a partir de linhas de transporte ou de subtransmissão. Nestes casos, as etapas subsequentes de redução da tensão são efectuadas pelo próprio consumidor.

As linhas de transmissão alimentam subestações abaixadoras, geralmente localizadas em centros urbanos; delas fecham as linhas de distribuição primária. Estas podem ser aéreas, com cabos nus (ou, em alguns casos, cobertos) de alumínio ou cobre (CA / CAA), suspensos em postes, ou subterrâneas, com cabos isolados.

As linhas de distribuição primária alimentam diretamente as indústrias e os grandes edifícios (comerciais, institucionais e residenciais), que têm a sua própria subestação ou transformador. Também alimentam os transformadores de distribuição, de onde partem as linhas de distribuição secundária, com tensões mais baixas. Estes alimentam os chamados pequenos consumidores: casas, pequenos edifícios, oficinas, pequenas indústrias, etc. Podem também ser aéreas (com cabos cobertos ou isolados, geralmente de cobre) ou subterrâneas (com cabos isolados, geralmente de cobre).

Nos grandes centros urbanos, com elevados consumos de energia, é preferível a distribuição subterrânea (primária e secundária). Com a elevada potência a transportar, os cabos a utilizar são de secção elevada, dificultando a utilização de estruturas aéreas. Por outro lado, a estética urbana é melhorada pela eliminação dos postes com os seus numerosos fios e cabos, aumentando também a fiabilidade do sistema (não há, por exemplo, interrupção no fornecimento de energia devido à colisão de veículos com postes).

A última etapa de um sistema elétrico é a utilização (consumidor final). Ocorre, em regra, nas instalações eléctricas, onde a energia gerada nas centrais e transportada pelas linhas de transporte e distribuição é transformada, pelos equipamentos utilizados, em energia mecânica, térmica e luminosa, para ser finalmente utilizada.

Hoje, em termos de uso, a palavra de ordem é economizar energia elétrica. Tecnicamente, isso se deve ao fato de que o sistema de geração e transmissão de energia no Brasil está próximo de seus limites máximos (capacidade nominal). Se o consumo de energia elétrica do país crescer a níveis de 5% ao ano e os investimentos nessas duas áreas não forem retomados a curto prazo e de forma maciça, certamente teremos que nos submeter a um eminente racionamento de energia elétrica.

No caso da eletricidade, este fenómeno físico é invisível, a única forma de verificar a sua existência é através dos seus efeitos: Luz, Calor, Choque Elétrico, etc.

Estes efeitos são possíveis devido, basicamente, à corrente eléctrica e à tensão eléctrica.

Nos condutores eléctricos existem partículas invisíveis chamadas electrões livres, que se movimentam constantemente de forma desordenada. A acumulação de electrões num corpo caracteriza a sua carga eléctrica. Embora o número de electrões livres constitua uma pequena parte do número de electrões presentes na matéria, eles são, no entanto, numerosos. O movimento destes electrões livres ocorre a uma velocidade de 300.000 km/s e ao movimento ordenado dos electrões livres num condutor chamamos intensidade de corrente eléctrica (I) ou simplesmente corrente eléctrica.

A unidade de corrente eléctrica (I) é o ampere * (logo, amperagem) cuja simbologia é (A). Para que estes electrões se desloquem de forma ordenada, é necessário que exista uma força que os guie e empurre. A esta força dá-se o nome de força eletromotriz (f.e.m.) que, depois de vencer a resistência interna do seu gerador, se designa nos seus terminais por tensão eléctrica (U) ou diferença de potencial elétrico (ddp).

A unidade de tensão eléctrica (U), é o volt (daí, tensão) cuja simbologia é (V).

Outro fenómeno típico relacionado com a eletricidade, especialmente devido às caraterísticas físico-químicas dos meios condutores de eletricidade, é a chamada resistência (R). A resistência é a oposição ou dificuldade ao fluxo da corrente eléctrica.

A relação entre resistência, tensão e corrente é definida por: 1Ω =1V / 1A

Esta relação é também conhecida como a Lei de Ohm (considerando um gerador de f.e.m. ideal): V = R x I

A resistência de um condutor depende de quatro factores: material, comprimento, área da secção e temperatura.

Para um dado condutor cilíndrico de comprimento "l", secção transversal S (invariável), a sua resistência (eléctrica) será dada pela relação:

$$R = \rho \times (l / S)$$

O potencial é definido como o trabalho efectuado na unidade de tempo. Tal como a potência hidráulica é dada pelo produto da diferença de energia pelo caudal, a potência eléctrica, para um circuito puramente resistivo, é obtida pelo produto da tensão (U) pela intensidade da corrente (I): P = V x I. A energia consumida, ou o trabalho elétrico realizado, é dada pelo produto da potência P pelo tempo t, durante o qual ocorre o fenómeno elétrico.

$$P = \frac{1}{T}\int_{o}^{T} P(t)\cdot dt = \frac{1}{T}\int_{o}^{T} U(t)\cdot I(t)\cdot dt$$

O Relógio de Luz, ou Contador, mede o consumo de energia em "Kilowatt-hora" (kWh). O "Watt" (W), indica a potência eléctrica dos aparelhos. Portanto, para calcular o consumo de um aparelho, basta saber a sua potência e o tempo de utilização, em horas, e fazer a seguinte conta: (P / 1000) x tempo (horas) = consumo kWh.

Rendimento elétrico

Os equipamentos de utilização são caracterizados por valores nominais, indicados e garantidos pelos fabricantes. Normalmente, os equipamentos são especificados pela sua potência e tensão nominais. No entanto, é necessário prestar atenção à unidade de potência especificada para saber a que tipo o fabricante se refere. A relação entre as potências de entrada e de saída de um aparelho caracteriza o seu desempenho.

η = P'n / Pn ouη = Ps / Pe

potência nominal (ativa) de saída, P'n ou Ps (em W, kW ou cv); no caso dos motores, é a potência indicada e refere-se à potência no eixo do motor; no caso dos dispositivos de iluminação, é a soma das potências das 1 lâmpadas;

. potência nominal (ativa) de entrada, Pn ou Pe (em W ou kW); difere da saída, devido a perdas normais do equipamento; é indicada no caso de alguns aparelhos e aparelhos electro-profissionais;

. potência aparente de entrada, Sn (em VA ou kVA).

Triângulo de potência e fator de potência: Quando uma ou mais bobinas são inseridas num circuito, como no caso de um circuito com motores, por exemplo, observa-se que a potência total fornecida, que é determinada pelo produto da corrente lida num amperímetro pela diferença de potencial lida num voltímetro, não é igual à potência lida num wattímetro. No caso de motores, reatores, transformadores ou lâmpadas de descarga, a leitura do wattímetro indicaria um valor menor que o produto volts X ampères. Se o circuito tivesse apenas resistências, os dois resultados seriam coincidentes, pois, neste caso, volts X amperes = watts. Esta figura representa um circuito, as formas de onda (alternada, frequência 60 Hz) e os fasores que o representam. De forma análoga, vectorizando as potências, veremos que a chamada potência total ou aparente (volt X amperes, ou kVA = 1.000 VA), também designada por potência aparente, resulta da composição da potência ativa ou efectiva (watts, também designada por potência útil porque realiza trabalho), com a potência reactiva.

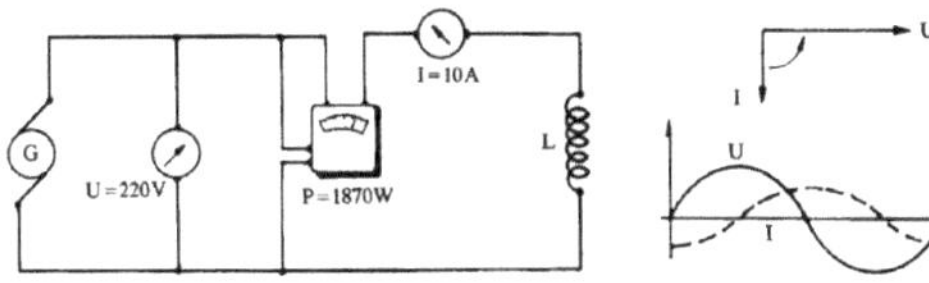

Consumidor: Pessoa singular ou colectiva ou comunhão de facto ou de direito, legalmente representada, que solicita à empresa o fornecimento de energia eléctrica e assume a responsabilidade pelo pagamento das facturas e pelas demais obrigações regulamentares e contratuais.

Unidade consumidora: Instalações consumidoras individuais caracterizadas pelo fornecimento de energia num único ponto, com medição individualizada. (Pode ser agrupada ou de uso coletivo).

Ponto de entrega: Primeiro ponto de fixação para os consumidores do ramal de ligação na propriedade do consumidor. Ponto até o qual a empresa se obriga a fornecer energia elétrica, com participação nos investimentos necessários, sendo responsável pela execução dos serviços, operação e manutenção.

Entrada de serviço: Conjunto de condutores, equipamentos e acessórios situados entre o ponto de derivação da rede secundária e o ponto de entrega.

Ramal de ligação: Conjunto de condutores e acessórios situados entre o ponto de derivação da rede secundária e o ponto de entrega.

Extensão de entrada: Conjunto de condutores, acessórios e equipamentos entre o ponto de entrega e a medição, inclusive.

Ramal Alimentador: Conjunto de condutores e acessórios instalados após a medição para alimentar as instalações internas da unidade consumidora.

Poste auxiliar: Um poste situado na propriedade do consumidor para efeitos de fixação, elevação e/ou desvio do ramal de ligação.

Limitador de alimentação: Equipamento de proteção. Por exemplo, fusível, disjuntor termomagnético.

Caixa de contador: Caixa selável para a instalação de contadores de energia e respectivos acessórios, podendo também ter instalado equipamento de proteção.

Carga ou potência instalada: Soma das potências nominais de todos os aparelhos eléctricos ligados à instalação do consumidor.

Demanda: Pedido ou utilização máxima de potência num determinado período de tempo, também conhecido como regime de utilização simultânea de carga. É a relação entre a potência utilizada e a potência instalada (VA), dada em valores percentuais.

Fator de procura: Quantificação da procura, dada por:

FD = (potência utilizada / potência instalada) x 100

Tensões de alimentação - Uma instalação eléctrica de BT tem valores de tensão que variam de acordo com o tipo de ligação secundária do transformador.

Condições de alimentação: As caraterísticas dos componentes devem ser adequadas às condições de alimentação da instalação eléctrica em que são utilizados. Em especial, a tensão nominal de um componente deve ser igual ou superior à tensão sob a qual o componente é alimentado. Qualquer componente deve, por construção, ter caraterísticas adequadas ao local onde é instalado, que lhe permitam resistir às solicitações a que possa ser submetido. Se, no entanto, um componente não tiver, por construção, as caraterísticas adequadas, pode ser utilizado sempre que, aquando da instalação, seja dotado de proteção complementar adequada.

Linhas eléctricas

Neste capítulo, vamos estudar as linhas eléctricas utilizadas para a eletrificação rural.

Conceito de condutor: Produto metálico, geralmente de forma cilíndrica e de comprimento superior ao da secção transversal, utilizado para transportar energia ou transmitir sinais eléctricos. A sua secção transversal (dada em mm2) vai determinar a sua capacidade de condução de corrente e depende do fabricante e das caraterísticas da instalação eléctrica.

Os condutores são feitos de fios de cobre ou de alumínio, tendo em conta as suas propriedades eléctricas e mecânicas e o seu custo. O cobre tem sido mais utilizado, especialmente em condutores com isolamento. O alumínio predomina no domínio dos condutores nus para transmissão e distribuição, sendo também utilizado no fabrico de condutores isolados, mas em menor escala do que o cobre.

O cobre utilizado nos condutores é o cobre eletrolítico, com um grau de pureza até 99,99%, e é fabricado por laminação ou extrusão a quente.

O alumínio para condutores tem uma pureza de até 99,5%, e é normalmente obtido por laminagem contínua, passando por processos semelhantes aos do cobre. A utilização deste metal baseia-se principalmente na relação condutividade/peso, a mais elevada de todos os materiais condutores, e no seu preço, muito mais estável do que o cobre e mais baixo do que este.

Isolamento: Conjunto de materiais isolantes utilizados para isolar eletricamente. Isolamento □ isolamento. Um meio isolante também pode ser designado por dielétrico (meio não metálico e não condutor).

Revestimento: Camada fina de um metal ou liga, depositada sobre um metal ou liga diferente para fins de proteção. Por exemplo, o fio estanhado é um fio revestido.

Os principais isolamentos ou compostos isolantes (sólidos) atualmente utilizados são: PVC (Cloreto de Polivinila) que é um polímero termoplástico, EPR (Borracha de Etileno-Propileno) e XLPE (Polietileno Reticulado) estes dois últimos polímeros termofixos.

Em relação à tensão eléctrica, o PVC é eficaz para valores de 0 V a 6000 V e o EPR de 0 V a 138000 V.

Quanto à temperatura, sabe-se que um condutor percorrido por uma corrente eléctrica aquece. Por isso, o isolamento deve oferecer resistência à elevação e à variação de temperatura sem se danificar ou perder as suas caraterísticas dieléctricas. Nesta perspetiva, o PVC é fabricado para funcionar a temperaturas de 70° C e o EPR e XLPE são fabricados para temperaturas de 90° C em serviço contínuo e 100° C e 130° C para sobrecarga, respetivamente. A temperatura influencia o comportamento da resistência eléctrica de um condutor, dependendo da variação da condutividade do condutor.

Cabo: Conjunto de fios entrançados (rígidos) com caraterísticas dúcteis, isolados ou não isolados entre si, estando o conjunto isolado ou não; são formados por um único fio ou por duas ou mais camadas de fios da mesma secção transversal, concêntricos a um fio, cada camada ou coroa tem o mesmo número de fios que a camada anterior somando a esta 6 fios: 7 fios (1 + 6); 19 fios (1 + 6 + 12); 37 fios (1 + 6 + 12 + 18). Normalmente, são constituídos por condutores de 1,5 a 6 mm^2 secções. Cabos redondos de cordão compacto: são os que resultam da compactação de cabos de cordão simples, através de uma matriz, reduzindo a sua secção transversal e os espaços entre os fios. Normalmente, os condutores são constituídos por secções superiores a 6 mm .[2]

FIBRA ÓPTICA: Elemento de transmissão ótica, caracterizado por um núcleo, através do qual a luz é transmitida, e uma casca, que confina a luz no interior do núcleo. É composta por material dielétrico, geralmente vidro, com a forma de um filamento cilíndrico e um diâmetro comparável ao de um fio de cabelo. Para além das fibras de sílica e de vidro, existem também fibras de plástico muito utilizadas nas comunicações a curta distância e na iluminação. São fabricadas pelo processo de extrusão. Utilizadas para transmissão de sinais. Alguns tipos de cabos de fibra ótica - Atualmente, existem vários tipos de cabos de fibra ótica, todos concebidos com o objetivo de servir diferentes aplicações. Por exemplo, cabos ópticos aéreos, armados, submarinos, entre outros. Enfim, os tipos de cabos variam em estrutura e número de fibras para interligar sistemas em diferentes circunstâncias. Os cabos mais simples, também chamados de cordões ópticos, são fabricados para serem aplicados em instalações simples e internas que não necessitam de grande proteção para a fibra. Como o cabo simplex ou monofibra, que é utilizado em transmissões unidirecionais (simplex), ligando um transmissor a um recetor.

Elementos da estrutura dos cabos **de fibra ótica**: Existem vários tipos de cabos ópticos cujas estruturas variam em cada projeto, dependendo do trabalho realizado pelo cabo. Um dos elementos da estrutura de um cabo de fibra ótica é a bainha secundária da fibra, que é de plástico extrudido.

Este tipo de situação pode ser classificado em dois tipos:

* Revestimento do tipo solto - este tipo de revestimento secundário consiste basicamente num tubo de plástico com dimensões muito superiores às da fibra, que fica solto no seu interior. Assim, as fibras não sofrem um grande esforço transversal que dá origem a microcurvaturas. E para não sofrerem esforços de alongamento durante o fabrico e instalação, as fibras devem ter um certo excesso no interior do tubo.

* Tight coating (stuck) - Este tipo de revestimento plástico é aplicado diretamente sobre a fibra, ficando colado à estrutura. Sobre este revestimento, é colocado um material macio que protege a fibra revestida, reduzindo os efeitos das tensões transversais que provocam as microcurvas. Figura 2

Outro elemento fundamental é a tração que é responsável pela resistência mecânica do cabo. Toda a força aplicada ao cabo, durante e após a sua instalação, deve ser absorvida por ele, de forma a garantir a vida útil das fibras. Este elemento de tração pode ser dielétrico ou metálico desde que tenha um módulo de Young elevado que é constante na proporcionalidade entre a variação do comprimento de um corpo e a força que a produz. Assim, ele é maior que o cabo e é flexível.

E por fim, outro elemento da estrutura do cabo de fibra ótica é a capa que deve ser resistente aos efeitos de abrasivos, ácidos, solventes, entre outros. Dependendo do tipo de cabo, a cobertura pode ser formada por um ou mais tipos de materiais, podendo até ser metálica, como é o caso dos cabos que são instalados diretamente enterrados (armados) que necessitam de uma cobertura de aço como revestimento.

No entanto, este excesso deve ser controlado para que não seja demasiado ou para que não haja falta de fibra, provocando assim perdas devido a variações térmicas (diferença entre os coeficientes de dilatação térmica dos materiais).

As linhas eléctricas de baixa tensão e as linhas de tensão superior a 1000 volts não devem ser colocadas nas mesmas canalizações ou poços, a menos que sejam tomadas precauções adequadas para evitar que os circuitos de baixa tensão fiquem sujeitos em caso de avaria. Nos espaços de construção, poços, galerias, etc., devem ser tomadas as precauções adequadas para evitar a propagação do fogo. As condutas, caleiras e blocos ocos podem, em certos casos, conter condutores de mais de um circuito. Os cabos unipolares e os condutores isolados pertencentes a um mesmo circuito devem ser instalados na proximidade imediata uns dos outros, bem como os condutores de proteção.

CONDUTAS

As condutas são tubos ou dispositivos concebidos para conter condutores eléctricos.

Podemos dividir as condutas em:

a) Condutas.

b) Condutas.

c) Caleiras e canais (condutas fechadas ou abertas).

d) Tabuleiro; ou leitos de cabos ("escadas", condutas abertas).

e) Caixilhos, rodapés e alizares.

ELECTRODUTOS

São tubos destinados à colocação e proteção de condutores eléctricos.

As condutas destinam-se a:

. Proteger os condutores contra as acções mecânicas e a corrosão.

. Proteger o ambiente contra os riscos de incêndio, causados por sobreaquecimento ou arco elétrico por curto-circuito.

. Constituir um invólucro metálico ligado à terra para os condutores (no caso de condutas metálicas), o que evita os riscos de choque elétrico.

. Funciona como condutor de proteção, proporcionando um caminho para a terra (no caso de condutas metálicas).

As dimensões internas dos eletrodutos e seus acessórios de conexão devem permitir instalar e retirar os condutores ou cabos com facilidade. Para isso é necessário que não haja trechos contínuos (sem interposição de caixas ou equipamentos) com tubulações retas maiores que 15 m, sendo que em trechos com curvas essa distância deve ser reduzida em 3 m para cada curva de 90°.

As condutas podem ser:

. Rígido.

. Flexível.

Quanto ao material de que são feitas as condutas rígidas, estas dividem-se em condutas de:

. Aço carbono.

. Alumínio (utilizado nos Estados Unidos).

. PVC.

. Plástico com fibra de vidro.

. Polipropileno.

. Polietileno de alta densidade.

Quanto à proteção das condutas de aço contra a corrosão, esta pode consistir em

. Revestimento de esmalte quente.

. Galvanização a quente ou zincagem.

. Revestimento exterior de asfalto ou composto de plástico.

. Proteção interna e (ou) externa adicional com tinta epoxi.

As condutas podem ser instaladas:

. Em lajes e alvenarias: condutas rígidas metálicas ou plásticas rígidas.

. Enterradas no solo: condutas rígidas não metálicas ou de aço galvanizado.

. Enterradas, mas embutidas em balastro de betão: condutas rígidas não metálicas ou metálicas galvanizadas ou revestidas a epóxi.

. Aparentes, fixadas por grampos a tectos, paredes ou elementos estruturais: condutas metálicas rígidas ou de PVC rígido.

. Aparente, em "mão francesa" prateleiras ou suportes: metálicos rígidos e PVC.

. Aparente, em locais onde a atmosfera contém gases ou vapores agressivos: PVCS rígidos, como, por exemplo, o Tigre da Cia. Hansen Industrial. Hansen Industrial, ou metálicos com pintura epóxi.

. Ligação de ramais de motores e equipamentos sujeitos a vibrações: condutas metálicas flexíveis (condutas) formadas por uma fita enrolada em hélice. Podem ser revestidos com uma camada protetora de material plástico quando se teme a agressividade de agentes poluentes ou de líquidos agressivos.

Electrodutos duros

As condutas rígidas são vendidas em varas de 3 m de comprimento, roscadas nas extremidades e com uma luva numa das extremidades. São fabricadas nos seguintes tipos:

. Conduta rígida de aço galvanizado para alta tensão;

. Conduta de PVC rígido anti-deflagrante de classe B;

. Eletrodutos rígidos de aço carbono, série pesada e extra, conforme NBR 5.597;

. Eletroduto de PVC rígido, tipo roscável, conforme NBR 6.150.

Condições de trabalho: As condutas rígidas são encontradas comercialmente em varas de 3 metros de comprimento, com uma luva numa das extremidades e roscas. São normalmente fabricados em ferro esmaltado preto, PVC rígido e fibrocimento, que não estão sujeitos à corrosão, uma vantagem sobre os de ferro, que não podem ser utilizados num ambiente agressivo.

Para instalações embutidas em lajes, é obrigatória a utilização de condutas rígidas.

As emendas em condutas devem ser efectuadas por cortes perpendiculares ao seu eixo, abrindo uma nova rosca, retirando cuidadosamente as rebarbas. Qualquer emenda deve garantir:

. perfeita continuidade eléctrica;

. resistência mecânica equivalente à do tubo;

. vedação suficiente;

. continuidade e regularidade da superfície interna.

Toda a rede de condutas rígidas deve formar um sistema eletricamente contínuo e ligado à terra, se forem metálicas.

Curvas: As curvas de deformação superiores a 90° não podem ser utilizadas.

Nas secções entre duas caixas ou entre a extremidade e a caixa, podem ser utilizadas, no máximo, 3 curvas de 90° ou o seu equivalente, até um máximo de 270°. Se os condutores contidos nas condutas forem de chumbo, podem ser utilizadas, no máximo, duas curvas de 90°.

As curvas a frio podem ser feitas nas condutas rígidas, tendo o cuidado de não reduzir a secção interna, apenas até ao calibre de 1". Acima de 1", só é permitida a utilização de curvas pré-fabricadas ou a utilização de ferramentas especiais para o efeito.

CAIXAS DE ENCASTRAR, DE SUPERFÍCIE E MULTIUSOS

As caixas nas instalações eléctricas podem servir para vários fins, consoante sejam utilizadas como..:

. Caixa de rosca ou de passagem.

. Caixa para interrutor ou tomada de parede.

. Caixa para centro de luz no teto (quadrada, hexagonal ou oitavada, esta última a mais utilizada nos edifícios).

. Caixa para botão de campainha ou ponto de telefone.

. Caixas para tomadas de chão.

As caixas de ferro estampado são feitas de chapa nº 18 e suas dimensões são 4 X 4" e 4 X 2", galvanizadas a fogo.

Nas instalações embutidas, são utilizadas caixas de chapa de aço. As utilizadas para interruptores e tomadas, botão de campainha e ponto de telefone são estampadas esmaltadas, enquanto a caixa para o centro de luz, quando colocada sobre a laje de betão, é octogonal, de fundo móvel e não é estampada. As caixas mencionadas possuem "orelhas" com furos para fixação de tomadas, interruptores ou equipamentos de iluminação, conforme o caso.

CAIXAS DE PASSAGEM

Devem ser utilizadas caixas:

. em todos os pontos de entrada ou saída de condutores, na canalização, exceto na transição de linhas aéreas para linhas em condutas, quando devem ser utilizadas buchas;

. em todos os pontos de alterações ou derivações de condutores;

. dividir a canalização em troços não superiores a 15 metros para os troços rectos; nas curvas, as distâncias entre caixas devem ser reduzidas em 3 metros por cada curva de 90°.

As caixas devem ser instaladas em locais secos e acessíveis e com tampas. As caixas para tomadas, interruptores, etc., devem conter espelhos. As caixas para campainhas ou telefones terão espelhos redondos, podendo ser utilizada uma tampa redonda de ferro para o efeito.

Para as instalações em betão, devem ser utilizadas, de preferência, caixas octogonais com fundo móvel. As condutas devem ser colocadas de modo a não serem deformadas ou sujeitas a tensões. As caixas devem ser protegidas contra a introdução de betão.

Nas juntas de dilatação, a tubagem deve ser seccionada, garantindo a estanquidade e a continuidade eléctrica, através de duas caixas de passagem, uma de cada lado da junta, ligadas por condutas flexíveis ou outro dispositivo elástico.

Caixas de derivação

As caixas de derivação devem ser utilizadas: em todos os pontos de entrada ou saída de condutores na conduta, exceto nos pontos de transição ou de cruzamento de linha aberta para as linhas em condutas, que, nestes casos, devem ser rematadas com cavilhas; em todos os pontos de emenda e derivação de condutores; para dividir a conduta.

As caixas devem ser colocadas em locais de fácil acesso e estar equipadas com tampas. As caixas que contêm interruptores, tomadas de corrente e similares devem ser fechadas pelos espelhos que completam a instalação destes dispositivos. As caixas de saída para alimentação de equipamentos podem ser fechadas pelas placas destinadas à fixação desses equipamentos. Os condutores devem formar troços contínuos entre as caixas de derivação; as emendas e derivações devem ser colocadas no interior das caixas. Os condutores emendados ou cujo isolamento tenha sido danificado e restaurado com fita isoladora ou outro material, não devem ser enfiados nas condutas. As condutas embutidas em betão armado devem ser colocadas de modo a evitar a sua deformação durante a betonagem, devendo as caixas e bocas das condutas ser fechadas com peças adequadas para evitar a entrada de argamassas ou nata de betão durante a betonagem. As juntas das condutas embutidas devem ser efectuadas com o auxílio de acessórios estanques em relação aos materiais de construção.

As condutas só devem ser cortadas perpendicularmente ao seu eixo. Qualquer rebarba suscetível de danificar o isolamento dos condutores deve ser removida. Nas juntas de dilatação, as condutas rígidas devem ser seccionadas e as caraterísticas necessárias à sua utilização devem ser mantidas (por exemplo, no caso das condutas metálicas, a continuidade eléctrica deve ser sempre mantida). Quando necessário, as condutas rígidas isolantes devem ser providas de juntas de dilatação para compensar as variações térmicas.

Peças para a instalação de condutas sem rosca.

Os condutores só devem ser inseridos após a rede de condutas estar concluída e todos os serviços de construção que os possam danificar terem sido concluídos. O rosqueamento só deve ser iniciado após a tubulação estar perfeitamente limpa e seca.

Para facilitar o enfiamento das condutas, pode ser utilizado o seguinte:

. guias de tração, que, no entanto, só devem ser introduzidas quando os condutores são roscados e não durante a execução dos tubos;

. talco, parafina ou outros lubrificantes que não prejudiquem o isolamento dos condutores.

Apenas as condutas que não propagam a chama são permitidas em instalações aparentes.

Numa instalação de encastrar, só são admitidas condutas que suportem os esforços de deformação caraterísticos do tipo de construção utilizado.

Na instalação embutida, as condutas que podem propagar as chamas devem ser totalmente rodeadas de materiais incombustíveis.

Molduras

Apenas condutores isolados ou cabos unipolares devem ser instalados nos quadros.

As ranhuras dos caixilhos, rodapés e similares devem ter dimensões que permitam alojar facilmente os cabos ou condutores.

Só é permitida a passagem de condutores ou cabos do mesmo circuito numa ranhura.

Os caixilhos não devem ser embutidos na alvenaria ou cobertos com papel de parede, tecido ou qualquer outro material, devendo permanecer sempre visíveis.

Instalações em lajes pré-fabricadas

Existem no mercado numerosos tipos de lajes pré-fabricadas para as quais é necessário tomar algumas precauções em relação às instalações eléctricas. A maioria destas lajes é constituída por várias vigas entre as quais é aplicado um tijolo de forma especial. Obviamente, não seria possível furar as vigas para a passagem das condutas; então, é habitual aplicar as condutas sobre a laje, cobrindo-as ou pelo chão ou por um cimento (1,5 a 3 cm de espessura). Nos pontos de luz o tijolo deve ser retirado, apoiando a caixa numa tábua fixada sob a laje. As caixas devem ter fundo móvel (octogonal) e 4" de altura, para ultrapassar a laje. A cavidade da caixa deve ser preenchida com betão.

INSTALAÇÕES APARENTES

É usual a utilização de instalações eléctricas aparentes, ou seja, não embutidas, nos seguintes casos:

- devido a razões estruturais;
- em instalações industriais ou comerciais onde a manutenção é frequente;

- em instalações onde as mudanças são constantes.

Nessas instalações há necessidade de uma melhor aparência devido ao fato dos eletrodutos ficarem expostos, por isso são utilizadas caixas de passagem especiais, comumente conhecidas como "petroletes" ou "conduítes" de alumínio fundido. Nas figuras abaixo, vemos os tipos mais comuns de caixas. Observe que essas caixas já são rosqueadas para conectar os eletrodutos de determinadas bitolas. Nesse tipo de instalação, as tomadas e interruptores serão instalados dentro dessas caixas, e os eletrodutos sairão para adaptar as luminárias, utilizando suportes especiais. Os eletrodutos rígidos expostos (não embutidos) devem ser fixados de forma a constituir um sistema de boa aparência e firmeza. As distâncias máximas para fixação devem seguir a tabela abaixo.

Os condutores só devem ser inseridos após a rede de condutas rígidas estar completamente acabada e todos os serviços de construção que os possam danificar (reboco e estuque) terem sido concluídos; a enfiação só deve ser iniciada após a canalização estar seca e limpa.

Para facilitar o enfiamento, utilizar:

- fios de aço como guias;

- talco, parafina ou outros lubrificantes que não prejudiquem o isolamento dos condutores.

Caixas de distribuição aparentes (condutas)

Em instalações aparentes muito utilizadas em indústrias, galpões e estabelecimentos comerciais; caixas de passagem de grande porte em geral fabricadas em alumínio injetado.

Ainda hoje estas caixas são designadas genericamente por caixas de condutas. Possuem partes roscadas para adaptação de condutas e tampa de rosca. Os condomínios também podem ser embutidos e utilizados em instalações residenciais.

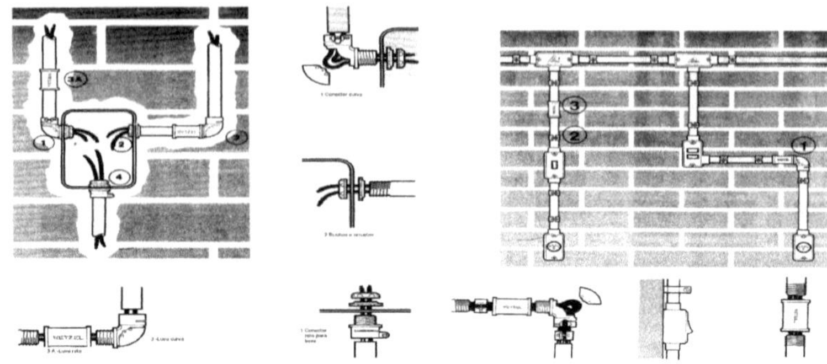

Instalações eléctricas flexíveis (Conduítes)

As condutas flexíveis são utilizadas para prolongar as condutas rígidas e instalar motores ou outros dispositivos sujeitos a vibrações. A sua utilização é autorizada em todos os casos em que a conduta rígida não é necessária ou quando é necessário deslocar o dispositivo para o utilizar (máquina de soldar, equipamento de teatro, etc.).

A sua utilização é proibida:

- em instalações de encastrar;

- em locais perigosos;

- em instalações temporais.

INSTALAÇÃO NO EXTERIOR

Escadas de fixação direta ou de bandeja para cabos Prateleiras ou suportes

Nas instalações exteriores, só devem ser utilizados cabos unipolares ou multipolares.

Os cabos podem ser instalados de forma fixa:

- às paredes com a ajuda de anéis, grampos ou outros meios de fixação;

- em tabuleiros, escadas de cabos, prateleiras ou suportes.

Nota: A utilização de materiais magnéticos não é recomendada quando estes estão sujeitos a uma indução de corrente significativa.

Os meios de fixação, os tabuleiros, as prateleiras e os suportes devem ser escolhidos e dispostos de modo a não danificarem os cabos. Devem possuir propriedades que lhes permitam resistir sem danos às influências exteriores a que estão sujeitos.

Nas vias verticais, é necessário garantir que os esforços de tração exercidos pelo peso dos cabos não provoquem deformações ou rupturas nos condutores. Estes esforços de tração não devem ser exercidos sobre as ligações.

Nos tabuleiros, caminhos de cabos e prateleiras, os cabos devem ser dispostos, de preferência, numa única camada.

Faixas

Nos carris podem ser instalados condutores isolados, cabos unipolares ou cabos multipolares.

Os cabos isolados só podem ser instalados em calhas de parede maciças cujas tampas só podem ser retiradas com a ajuda de ferramentas.

Os carris devem ser escolhidos e dispostos de modo a não danificarem os cabos. Devem ter propriedades que lhes permitam resistir sem danos às influências externas a que estão sujeitos.

Instalações sobre carris, com ou sem cobertura

É muito comum nas instalações elétricas, os condutores passarem por calhas feitas no próprio piso, de concreto ou alvenaria. Em subestações é usual que a saída de baixa tensão dos transformadores seja feita através de calhas cobertas, no piso, até o quadro geral.

A instalação de condutores sem trilhos é permitida pela NBR-5410, nos seguintes casos:

. quando a calha é de paredes sólidas e com uma tampa amovível por meio de uma ferramenta;

. em locais de serviço elétrico onde apenas pessoas qualificadas ou autorizadas têm acesso;

. dentro de um falso tolo que não pode ser desmontado.

Condutores isolados em produtos eléctricos

As dimensões dos espaços ou vãos do edifício devem permitir a livre penetração das condutas nas caleiras.

As condutas ou caleiras devem ser estanques e não retardadoras de chama.

Cabos unipolares ou multipolares instalados diretamente na calha:

A menor dimensão da secção transversal do espaço de construção ou do poço deve ser de, pelo menos, 20 mm em todo o seu comprimento.

A soma das áreas totais dos cabos utilizados não deve exceder 25% da área útil do espaço de construção ou do poço.

Os cabos devem ser do tipo resistente à chama, atualmente do tipo BWF.

Linhas eléctricas queimadas

Nas instalações diretamente enterradas só são permitidos cabos unipolares ou multipolares. Os cabos devem ser protegidos contra danos causados por movimentos de terra, contacto com corpos duros, impacto de ferramentas em caso de escavações, bem como contra as acções unitárias e químicas causadas pelos elementos do solo.

Para evitar os efeitos dos movimentos de terras, os cabos devem ser instalados em terreno normal, a uma altura mínima de 0,70 acima da superfície do solo. Esta profundidade deve ser aumentada para 1 m quando atravessar estradas acessíveis a veículos e numa área de 0,50 m de largura, de um lado e do outro dessas estradas.

Estas profundidades podem ser reduzidas em terrenos rochosos ou quando os cabos estiverem protegidos, por exemplo, por condutas que suportem sem danos as influências externas a que possam estar sujeitos.

Quando uma linha enterrada cruza com outra linha eléctrica enterrada, estas devem, em princípio, estar a uma distância mínima de 0,20 m.

Quando uma linha eléctrica enterrada se encontra ao longo ou intersecta um condutor de instalações não eléctricas, deve existir uma distância mínima de 0,20 m entre os seus pontos mais próximos.

Esta distância pode ser reduzida se as linhas e os condutores de outras instalações estiverem separados por meios que ofereçam uma segurança equivalente.

Cada linha enterrada deve ser continuamente sinalizada por um elemento de aviso (por exemplo), uma fita colorida não sujeita a deterioração, localizada pelo menos 0,10 m acima dela.

Instalações em isoladores

Nas instalações sobre isoladores, podem ser utilizados condutores nus, condutores isolados em feixes ou barras. Esta forma de instalação não deve ser utilizada em locais destinados a habitação. As instalações em isoladores devem cumprir os requisitos de "proteção por colocação fora de alcance". As barras só são permitidas quando instaladas em locais de serviço elétrico. Em locais comerciais ou similares, as linhas com condutores nus são admitidas como linhas de contacto que alimentam candeeiros ou equipamentos móveis, desde que sejam alimentadas com tensão de segurança extra baixa. A instalação de condutores nus sobre isoladores em estabelecimentos industriais ou similares deve ser limitada aos locais de serviço elétrico ou à utilização específica (por exemplo, alimentação de uma grua).

Ao instalar condutores nus ou barras em isoladores, deve ter-se em conta o seguinte

. esforços a que podem ser submetidos em serviço normal;

. as tensões electrodinâmicas a que podem ser submetidos em condições de curto-circuito;

. esforços relacionados com as dilatações devidas às variações de temperatura que podem levar ao encurvamento dos condutores ou à destruição dos isoladores; pode ser necessário prever juntas de dilatação; por outro lado, devem ser tomadas precauções contra as vibrações excessivas dos condutores, utilizando suportes suficientemente próximos.

São permitidas ligações no interior dos edifícios em linha aberta, ou seja, fora de condutas, desde que não seja obrigatória a utilização de condutas e os condutores não estejam expostos a danos provocados por agentes externos. Os condutores devem estar a uma distância mínima de 3 metros do chão ou de 2,50 metros no caso de edifícios com 2,50 de altura, caso em que devem ser fixados no teto.

Não devem ser utilizadas linhas abertas:

. em locais húmidos, ambientes corrosivos e locais perigosos;

. em teatros, cinemas e afins;

. nos poços dos elevadores.

Os condutores podem ser instalados:

. fixados às paredes com a ajuda de anéis, grampos ou isoladores (dites);

. em tabuleiros, prateleiras ou suportes semelhantes.

Fixação direta às paredes, a distância entre dois pontos de fixação sucessivos não deve ser superior, numa trajetória horizontal, a: 0,40 m para os cabos sem proteção metálica, para os cabos não armados isolados com papel impregnado e para os cabos resistentes ao fogo; 0,75 m para os cabos com proteção metálica e para os cabos armados com papel impregnado.

Nota: No curso vertical, estas distâncias podem ser aumentadas até um valor de 1 m.

Conexões não rosqueadas: São dispositivos que permitem a conexão de eletroduto a eletroduto ou eletrodutos a caixas ou painéis, sem a utilização de roscas que normalmente oneram a instalação.Existem fabricantes que indicam "conexões retas" para a emenda de eletrodutos sem a necessidade de luvas, juntas ou juntas de dilatação ou "conexões cônicas" utilizadas nas entradas e saídas de painéis, caixas de passagem comuns ou do tipo petróleo.

Projeto em Instalação eléctrica

Um projeto elétrico é a previsão escrita da instalação, com todos os seus pormenores, localização dos pontos de utilização da eletricidade, comandos, percursos dos condutores, divisão dos circuitos, secção dos condutores, dispositivos de comutação, carga de cada circuito, secção dos condutores, dispositivos de comutação, dispositivos de proteção, carga total, etc.

Um projeto "acabado" (no sentido de concluído), compreende algumas partes específicas e bem definidas, tais como

1. Conjunto de planos, esquemas, símbolos e pormenores que devem conter todos os elementos necessários à identificação e execução do projeto;

2. Caderno de Encargos e Memorial Descritivo, que descreve o material a ser utilizado e as regras para sua aplicação, além da descrição e justificativa do projetista para as soluções adotadas;

3. Orçamento, onde são levantadas as quantidades e custos de material e mão de obra.

Recomendações para a elaboração de um projeto de instalação eléctrica

- Conhecer o objetivo de utilização da instalação a que se destina o projeto ("esquema de utilização" - conforto);

- Tente utilizar o máximo possível de iluminação e ventilação naturais;

- Dividir a instalação em vários circuitos. Circuitos de iluminação separados das tomadas e circuitos exclusivos para tomadas específicas (especiais);

- Especificar a simbologia adoptada (de acordo com as regras);

- Fazer uma previsão de carga (levantamento das potências) a instalar e construir um diagrama de carga;

- Estabelecer a secção (bitola) dos condutores a utilizar em cada circuito e dimensionar a proteção dos mesmos (individual e geral);

- As condutas (tubos) devem ser previstas para assegurar a proteção mecânica dos condutores, pelo que devem ser sempre de material rígido;

- Prever tubagem (conduta) exclusiva para telefones, campainhas e circuitos internos de TV (antenas);

- Utilizar fio de terra (PEN ou PE) em todos os pontos de luz e de força;

- Sempre dar preferência ao uso de materiais e aparelhos de primeira linha (se possível com aprovação do INMETRO);

- Para toda e qualquer situação adversa não contemplada nas normas da ABNT, deve imperar o bom senso.

- Determinação e atribuição em planta de arquitetura dos pontos de luz e força (lay-out) e do(s) quadro(s) de distribuição de força e luz(es) interior(es) e medição - simbologia. Recorde-se que nesta fase é importante conhecer o objetivo de utilização de cada divisão ou área do imóvel;

- Previsão de potência, divisão dos circuitos e construção do diagrama de cargas em função das zonas de utilização e dos tipos de cargas instaladas;

- Distribuição de circuitos através de eletrodutos (tubulações) embutidos (parede, teto e piso). As condutas devem proporcionar o melhor caminho para a instalação eléctrica, utilizando sempre as caixas de passagem na laje para a distribuição;

- Levantamento da potência de cada circuito e da potência total (se necessário, aplicar a procura);

- Cálculo das secções (bitola em mm2) dos condutores para alimentação de cada circuito (tendo em conta os factores de agrupamento e de correção da temperatura);

- Construção do(s) quadro(s) de distribuição interna (QD e/ou QFL);

- Determinação da proteção individual dos circuitos e da proteção geral (disjuntores);

- Determinação da secção (bitola em mm2) e do tipo de condutas;

- Fazer parte relacionada ao dimensionamento de dutos para antena de TV, Interfone Telefônico. O projeto de telefonia deve estar em planta separada seguindo as regras da concessionária local;

- Especificação do material (lista);

- Elaboração do cálculo / relatório de custos.

Caraterísticas gerais para a previsão de carga e distribuição de energia e pontos de luz:

Generalidades: A determinação da alimentação eléctrica é essencial para a conceção económica e segura de uma instalação dentro dos limites adequados de temperatura e queda de tensão. Na determinação da alimentação eléctrica de uma instalação ou parte de uma instalação, devem ser fornecidos os equipamentos de utilização a instalar, com as respectivas potências nominais e, posteriormente, considerar as possibilidades de funcionamento não simultâneo desses equipamentos, bem como a capacidade de reserva para futuras expansões.

Previsão de carga: A previsão de carga de uma instalação deve ser efectuada de acordo com os seguintes requisitos: A carga a considerar para um equipamento em utilização é a sua potência nominal absorvida, indicada pelo fabricante ou calculada a partir da tensão nominal, da corrente nominal e do fator de potência; Nos casos em que a potência nominal fornecida pelo equipamento (potência de saída) e não absorvida, devem ser considerados o rendimento e o fator de potência.

Quadro de Disjuntores: Com os circuitos distribuídos pela instalação eléctrica, é montado o quadro geral de distribuição, obedecendo às seguintes regras:

- Calcular a corrente de carga (corrigida, quando necessário) para cada circuito (utilizando a potência VA). Neste caso, a corrente de carga pode ser igual à corrente de projeto quando os factores de correção que lhe são aplicados têm um valor unitário;

- Distribuir as cargas nas fases procurando o equilíbrio.

Dimensionamento dos condutores dos circuitos: Para o dimensionamento da secção nominal de um condutor, é necessário o conhecimento de vários factores que dependem tanto das caraterísticas da carga como das condições de funcionamento da rede.

Um condutor mal dimensionado, para além das consequências técnicas negativas para o funcionamento da instalação, representa um risco elevado de incêndio para a mesma, sobretudo quando existe um projeto de proteção defeituoso associado. Dimensionar um circuito, terminal ou de distribuição, é determinar a secção dos condutores e a corrente nominal do dispositivo de proteção contra sobreintensidades.

No caso mais geral, o desenho de um circuito deve seguir os seguintes passos:

I - Determinação da corrente do projeto;

II - Escolha do tipo de condutor e da sua forma de instalação, ou seja, escolha do tipo de linha eléctrica;

III - Determinação da secção pelo critério da capacidade de condução de corrente;

IV - Verificação da secção de acordo com o critério de queda de tensão;

V - Escolha da proteção contra as correntes de sobrecarga e aplicação dos critérios de coordenação entre condutores e de proteção contra as correntes de sobrecarga;

VI - Escolha da proteção contra as correntes de curto-circuito e aplicação dos critérios de coordenação entre condutores e de proteção contra as correntes de curto-circuito.

I - CRITÉRIO DE CAPACIDADE DE TRANSMISSÃO DE CORRENTE (Secção mínima)

Em condições normais de funcionamento, a temperatura de um condutor, ou seja, a temperatura da superfície de separação entre o próprio condutor e o seu isolamento, não deve exceder a chamada temperatura máxima para serviço contínuo. A corrente transportada por um condutor produz, através do chamado efeito Joule, energia térmica. Esta energia é gasta, em parte, para elevar a temperatura do condutor, sendo a restante dissipada. Ao fim de um certo tempo e continuando a circular, a temperatura do condutor deixa de subir e toda a energia produzida é dissipada; dizemos então que se atingiu o "equilíbrio térmico". A corrente que, circulando continuamente pelo condutor, faz com que, em condições de equilíbrio térmico, a temperatura do condutor atinja um valor igual à temperatura máxima de serviço contínuo (□z) é a chamada capacidade de condução de corrente do condutor.

No que diz respeito aos alimentadores de entrada ou principais (HQ, QDFL, etc.), podemos recorrer ao cálculo das necessidades da instalação que nos conduzirá a um dimensionamento mais adequado da secção destes condutores

$$I_{pr.} = \frac{P\,(\text{watts})}{V \cos \varphi}$$

$$I_{pr.} = \frac{P\,(\text{watts})}{V \sqrt{3}\, \cos \varphi}$$

II - CRITÉRIO DAS QUEDAS DE TENSÃO MÁXIMAS ADMISSÍVEIS

A queda de tensão num circuito deve-se a perdas no percurso de uma linha eléctrica, pelo que a distância dos fios e/ou cabos entre a carga e o contador e a potência da carga influenciam o seu valor. Os dispositivos de energia eléctrica são concebidos para funcionar a determinadas tensões, com uma pequena tolerância. A queda de tensão entre a fonte da instalação e qualquer ponto de utilização deve ser igual ou inferior aos valores abaixo indicados, em relação à tensão nominal da instalação. São permitidas quedas de tensão superiores às especificadas anteriormente, desde que dentro dos limites permitidos nas respectivas normas, para motores (durante o período de arranque), e outros equipamentos de corrente de arranque elevada. Para proteção contra as quedas de tensão são normalmente utilizados relés de subtensão acoplados a dispositivos de corte ou contactores com contacto de auto-alimentação.

Para calcular a queda de tensão num circuito, é necessário utilizar a corrente de projeto do circuito. Também deve ser observada a disposição (distribuição) das cargas. Elas podem ser vistas abaixo, sendo as mais utilizadas as cargas concentradas nas extremidades dos circuitos e as distribuídas ao longo da instalação.

Percentagem de queda de tensão**Δ V(%)** (%) = [(tensão de entrada - tensão de carga) / tensão de entrada] x 100

$$S_{(mm^2)} = \frac{100 * \rho * L * P}{V_{nom}^2 * \Delta V\% * \cos\varphi}$$

Onde:

S é a área do condutor

ρ condutividade do material condutor

L: trajetória do condutor

ΔV %: Queda de tensão

φ: trajeto da conduta (m)

V tensão nominal (V)

P: Potência (W)

III - NÚMERO DE CONDUTORES DE UM ELECTRODUTO

No interior das condutas rígidas, apenas são permitidos condutores e cabos isolados, não sendo permitida a utilização de condutores WP resistentes às intempéries e cabos flexíveis. Cada conduta tem um número máximo de fios e/ou cabos a alojar no seu interior. Recomenda-se que a taxa de ocupação máxima numa conduta seja de 40%, permitindo assim uma área livre de cerca de 60 % da sua área útil (área total) para ventilação, o que garante a capacidade de condução de corrente dos fios e/ou cabos.

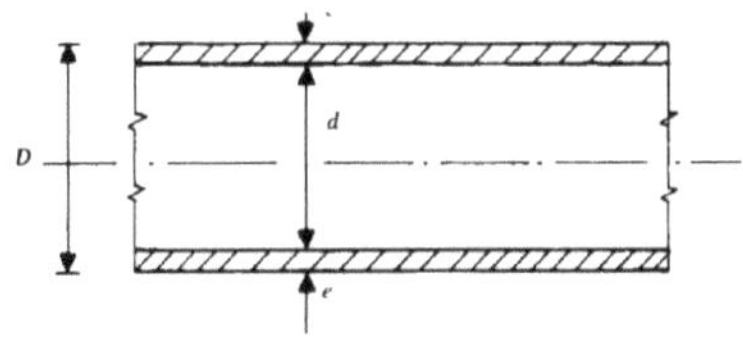

Onde:

D = diâmetro exterior (standard)

d = diâmetro interno

Os perigos da corrente eléctrica - Proteção

Especialistas de vários países estudaram os efeitos da passagem da corrente eléctrica através do corpo humano. As conclusões a que chegaram eminentes cientistas e investigadores, através de experiências realizadas em seres humanos e em animais, foram utilizadas pela IEC na publicação n.º 479.1, "Efeitos da passagem da corrente eléctrica através do corpo humano". Podem ser caracterizados quatro fenómenos patológicos críticos: tetanização, paragem respiratória, queimaduras e fibrilhação ventricular, que passamos a descrever sucintamente:

Tetanização: É a paralisia muscular causada pela circulação de corrente através dos tecidos nervosos que controlam os músculos. Sobreposta aos impulsos de comando da mente, a corrente anula-os e pode bloquear um membro ou o corpo inteiro. Nestes casos, a consciência do indivíduo e o seu desejo de interromper o contacto são inúteis.

Insuficiência respiratória: Quando os músculos peitorais estão envolvidos na tetanização, os pulmões ficam bloqueados e a função respiratória vital pára. Trata-se de uma situação de emergência.

Queimaduras: A passagem da corrente eléctrica pelo corpo humano é acompanhada pelo desenvolvimento de calor por efeito de Joule, que pode provocar queimaduras. Nos pontos de entrada e saída da corrente a situação torna-se mais crítica, principalmente devido à elevada resistência da pele e à maior densidade de corrente nesses pontos. As queimaduras produzidas por corrente eléctrica são, em regra, as mais profundas e as mais difíceis de curar, podendo mesmo provocar a morte por insuficiência renal.

Fibrilhação ventricular: Se a corrente atingir diretamente o músculo cardíaco, pode perturbar o seu funcionamento regular. Os impulsos periódicos que, em condições normais, regulam as contracções (sístole) e as expansões (diástole) são alterados: o coração vibra desordenadamente e, em termos técnicos, "perde o ritmo". A situação é de extrema urgência, porque o fluxo vital de sangue para o corpo pára. Note-se que a fibrilhação é um fenómeno irreversível, que se mantém mesmo quando cessa a causa; só pode ser anulada através da utilização de um equipamento denominado "desfibrilhador", disponível, em regra, apenas nos hospitais e nas urgências. Acontece que a resistência do corpo humano não é constante, mas varia muito dentro de limites amplos, dependendo de vários factores de natureza física e biológica, incluindo a tensão aplicada, bem como o percurso da corrente, sendo muito difícil estabelecer um valor padronizado.

Proteção contra choques eléctricos: Existem duas condições perigosas para as pessoas em relação às instalações eléctricas:

. Contactos diretos, que consistem no contacto com partes metálicas normalmente sob tensão (partes sob tensão). As pessoas e os animais devem ser protegidos contra os perigos que podem resultar do contacto com as partes vivas da instalação.

. Contactos indirectos, que consistem no contacto com partes metálicas que não estão normalmente sob tensão (massas), mas que podem ficar sob tensão devido a uma falha de isolamento. As pessoas e os animais devem ser protegidos contra os perigos que podem resultar do contacto com massas sob tensão colocadas acidentalmente sob tensão.

As medidas activas consistem na utilização de dispositivos e métodos que permitem o seccionamento automático do circuito quando ocorrem situações de perigo para os utilizadores.

As medidas passivas, por sua vez, consistem na utilização de dispositivos e métodos concebidos para limitar a corrente eléctrica que pode atravessar o corpo humano ou para impedir o acesso a partes sob tensão.

Proteção contra sobreintensidades: Proteção contra correntes de sobrecarga: Qualquer circuito deve ser protegido por dispositivos que interrompam a corrente nesse circuito quando esta, em pelo menos um dos seus condutores, ultrapassa o valor da capacidade de condução da corrente e, em caso de passagem prolongada, pode provocar uma deterioração da mesma. isolamento dos condutores. Proteção contra as correntes de curto-circuito: Cada circuito deve ser protegido por dispositivos que interrompam a corrente nesse circuito quando pelo menos um dos seus condutores é percorrido por uma corrente de curto-circuito, devendo a interrupção ocorrer num tempo suficientemente curto para evitar a deterioração dos condutores.

Proteção contra os efeitos térmicos: A instalação eléctrica deve ser organizada de forma a excluir qualquer risco de incêndio provocado por materiais inflamáveis devido a temperaturas elevadas ou arcos eléctricos. Além disso, em serviço normal, as pessoas e os animais domésticos não devem correr o risco de sofrer queimaduras.

Proteção contra sobretensões: As pessoas, os animais domésticos e os bens devem ser protegidos contra as consequências nocivas devidas a um defeito elétrico entre partes sob tensão de circuitos com tensões nominais diferentes e outras causas que possam provocar sobretensões (fenómenos atmosféricos, sobretensões de comutação).

Dispositivos de paragem de emergência: Se for necessário, em caso de perigo, desenergizar um circuito, deve ser instalado um dispositivo de paragem de emergência, facilmente identificável e rapidamente manobrável.

Dispositivos de corte: Devem ser previstos dispositivos que permitam desligar a instalação eléctrica, os circuitos ou os equipamentos individuais, para efeitos de manutenção, verificação, resolução de problemas e reparação.

Independência da instalação: A instalação eléctrica deve estar disposta a excluir qualquer influência prejudicial entre a instalação eléctrica e as instalações não eléctricas do edifício.

Acessibilidade dos componentes

Os componentes da instalação eléctrica devem ser dispostos de forma a permitir:

a) espaço suficiente para a instalação inicial e eventual substituição subsequente dos componentes individuais; e

b) acessibilidade para efeitos de serviço, verificação, manutenção e reparação.

Dimensionamento de Dispositivos de Proteção Contra Correntes de Sobrecarga: As normas para este tipo de proteção referem-se apenas à proteção dos condutores, o que não garante necessariamente a proteção dos equipamentos ligados aos circuitos.

As sobrecorrentes num circuito devem ser interrompidas antes de poderem causar efeitos térmicos ou mecânicos nocivos nos condutores e/ou cabos isolados, ligações, terminais ou na vizinhança da linha.

Podemos definir um dispositivo de proteção ideal como um dispositivo que:

- não intervir para correntes inferiores ou iguais à capacidade de transporte de corrente do condutor ou do cabo isolado;

- intervêm sempre, embora de forma prolongada, com correntes de sobrecarga até 1,45 Icond

- intervir em tempos decrescentes, de uma ou mais horas a alguns segundos, para correntes de sobrecarga entre 1,45 e 6 ou 7 Icond

- intervir no mais curto espaço de tempo em caso de correntes de curto-circuito

Para realizar este tipo de proteção, admite a utilização de:

- disjuntores com acionamento por sobreintensidade (termomagnéticos);

- disjuntores associados a dispositivos fusíveis;

- dispositivos fusíveis (tipos: gI, gII, gG, gM)

Além disso, a norma exige que os dispositivos de proteção residual (DR) sejam instalados nas zonas húmidas (cozinha, lavandaria, etc.), a fim de oferecer uma proteção adicional contra as correntes de fuga, oferecendo assim uma proteção adicional ao equipamento instalado nestes locais. Curva caraterística de desempenho ideal comparada com as caraterísticas de atuação típicas dos disjuntores termomagnéticos e dos fusíveis de uso geral

IV - IMOBILIZAÇÕES

Por ligação à terra entende-se a ligação intencional de um condutor à terra. Se esta ligação for feita diretamente, sem a interposição de qualquer impedância (ou resistência), falamos de ligação direta à terra. Se, pelo contrário, for inserida uma impedância entre o condutor e a terra, dizemos que a ligação à terra não é direta. Existem dois tipos de ligação à terra numa instalação:

. ligação à terra funcional, que consiste em ligar à terra um dos condutores do sistema (normalmente o neutro), a fim de garantir o funcionamento correto, seguro e fiável da instalação;

. ligação à terra de proteção, constituída por uma ligação à terra e por elementos condutores estranhos à instalação, com o único objetivo de proteger contra os contactos indirectos.

Por vezes, são efectuadas ligações à terra "conjuntas", funcionais e de proteção. As ligações à terra são feitas com eléctrodos de terra, que são os condutores colocados em contacto com a terra. Estes podem ser: varas, perfis, barras, cabos nus, fitas, etc.

O termo "elétrodo" refere-se sempre ao condutor ou conjunto de condutores em contacto com a terra e, por conseguinte, abrange desde uma simples barra isolada até uma complexa "malha" de ligação à terra, constituída pela associação de barras com cabos.

Em qualquer tipo de edifício deve existir um "sistema predial" constituído por:

- elétrodo de terra - condutor ou conjunto de condutores em contacto estreito com a terra e que garante (m) uma ligação eléctrica com esta;

- eléctrodos de terra eletricamente distintos (independentes) - eléctrodos de terra suficientemente afastados uns dos outros para que a corrente máxima suscetível de ser absorvida por um deles não altere sensivelmente o potencial dos outros;

- condutor de proteção (PE) - condutor prescrito em certas medidas de proteção contra os choques eléctricos e destinado a ligar eletricamente: terra, elementos condutores estranhos à instalação, eléctrodos de terra principais, eléctrodos de terra e ou pontos de alimentação de terra ou ao ponto neutro artificial;

- Condutor PEN. condutor ligado à terra, garantindo simultaneamente as funções de condutor de proteção e de neutro; a designação PEN resulta da combinação PE (de condutor de proteção) + N de neutro); o condutor PEN não é considerado condutor em tensão;

- terminal (ou barramento) de ligação à terra principal: terminal (ou barramento) destinado a ligar os condutores de proteção ao dispositivo de ligação à terra, incluindo os condutores de equidistância e, eventualmente, os condutores que garantem a ligação funcional à terra;

- resistência de ligação à terra (total): resistência eléctrica entre o terminal de terra principal de uma instalação eléctrica e a terra;

- condutor de terra: condutor de proteção que liga o terminal (ou barra) de terra principal ao elétrodo de terra;

- ligação equipotencial: ligação eléctrica destinada a colocar massas e elementos condutores estranhos à instalação no mesmo potencial ou em potenciais vizinhos; podemos ter três tipos de ligação equipotencial numa instalação: a ligação equipotencial principal, as ligações equipotenciais suplementares, as ligações equipotenciais não aterradas;

- condutor de equipotencialidade: condutor de proteção que garante uma ligação equipotencial;

- condutor de proteção principal: condutor de proteção que liga os vários condutores de proteção da instalação ao terminal de terra principal.

V- CONTROLO FINAL E MANUTENÇÃO DE UMA INSTALAÇÃO

A execução deve obedecer a um plano aprovado pelos órgãos municipais ou estaduais responsáveis ou, na ausência destes, pelo investidor. Deve ser feita uma verificação visual para garantir que os componentes estejam de acordo com as normas aplicáveis e em bom estado, sem danos visíveis que possam afetar a segurança. Os testes devem ser realizados de forma a garantir:

. continuidade dos condutores de proteção e das ligações e equipotenciais;

. resistência de isolamento da instalação eléctrica;

. resistência dos solos e dos muros;

. medição da resistência das condutas de ligação à terra;

. polaridade;

. testes funcionais.

VI - MANUTENÇÃO PREVENTIVA

Toda a instalação deve ser controlada periodicamente por pessoas acreditadas ou qualificadas, em intervalos de tempo que variam consoante a importância da instalação.

Em particular, há que ter em conta os seguintes pontos:

- medidas de proteção contra o contacto com áreas habitáveis; estado dos condutores e ligações; estado dos cabos flexíveis para dispositivos móveis e respectiva proteção; estado dos dispositivos de proteção e de manobra; regulação dos dispositivos de proteção e utilização correta dos fusíveis; valor da resistência de terra, etc.

VII - VISITA ÀS OBRAS

Execução: Faz-se a alvenaria comum, quebram-se os locais onde se situa a espera do tubo para atravessar a parede, coloca-se a continuação do tubo e depois preenche-se o vazio com massa.

Materiais utilizados: Mangueira de PVC semi-flexível, fios condutores de eletricidade (especificados para cada função), fio de guia, fita isoladora

Testes e cuidados durante a execução

. Tentar não esmagar o tubo durante o vazamento;

. São efectuados testes nas tubagens para verificar se estão partidas ou amolgadas, utilizando um fio-guia ou um extintor de ar comprimido;

. Os fios são colocados na fase de acabamento, utilizando o fio-guia, o fio é amarrado a este e puxado através do tubo;

. Também são efectuados testes para verificar se as instalações estão a funcionar, utilizando um multímetro que detecta a tensão e a amperagem;

. No caso dos blocos de vedação ou estruturais, a sua abertura é utilizada para a passagem do tubo e da cablagem, sendo depois vedada com "grout", que é uma massa muito fluida de cimento com pedras.

Referência: Conteúdos criados pelos autores para a gestão da licenciatura

ÍNDICE DE CONTEÚDOS

Printed by Books on Demand GmbH, Norderstedt / Germany